E・●・T
コンタクト

宇宙人/UFOとの

遭遇は始まっている

坂本政道

ハート
出　版

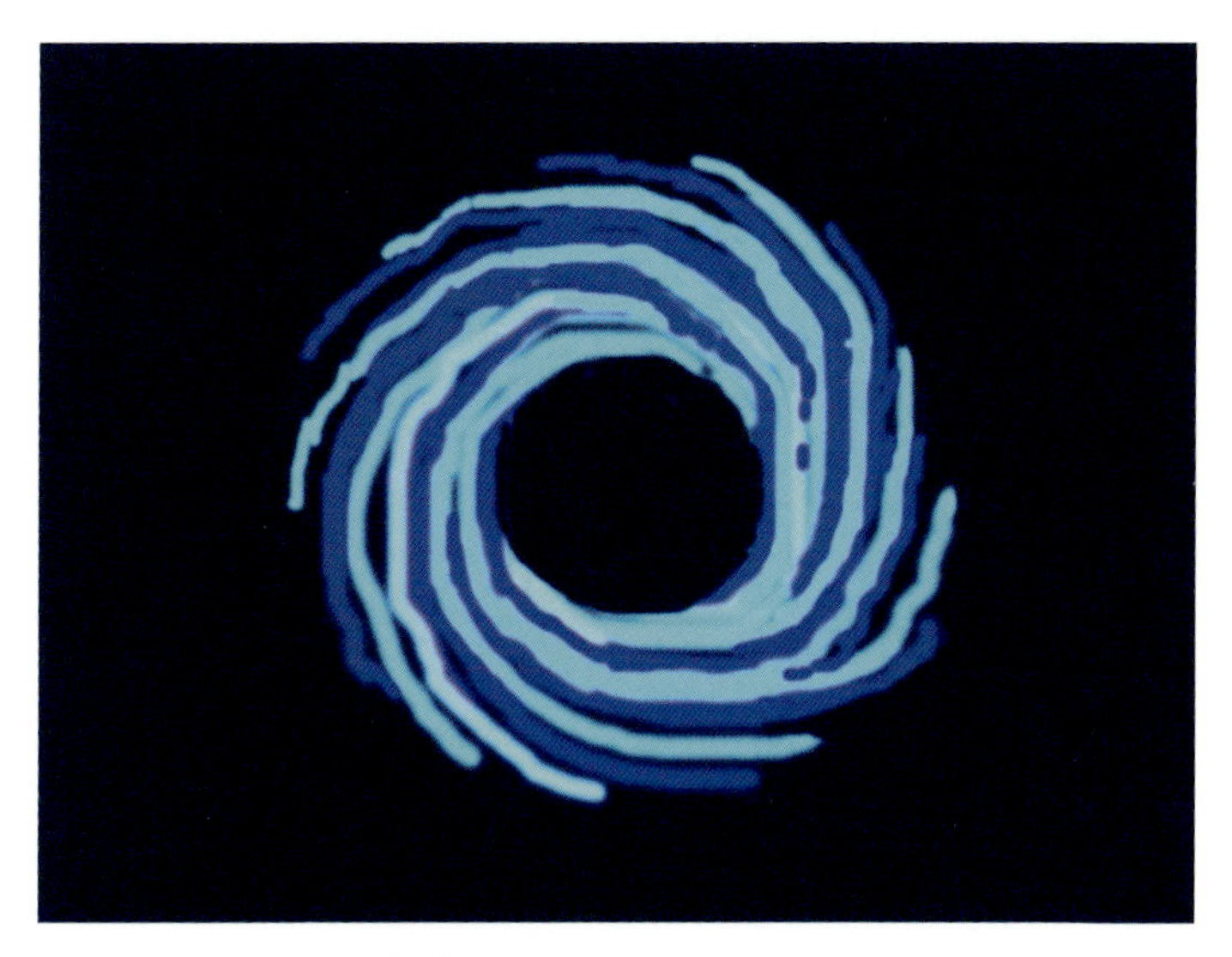

①プレアデス星団で出会った渦

②2016年7月に千葉県上総一ノ宮の海岸で撮影。右向きの龍の顔が見える

※口絵写真については本文を参照

③2016年12月、千葉の自宅そばで撮影。龍が飛んでいる姿に見えた

④三輪山であべけいこさんが撮った写真。龍(蛇)の顔がはっきりと見える

⑤2012年8月に石割神社へ行ったときに撮影

⑥同じく、2012年8月に石割神社へ行ったときに撮影

⑦まずオーブがひとつ写った(中央上部の白い部分)

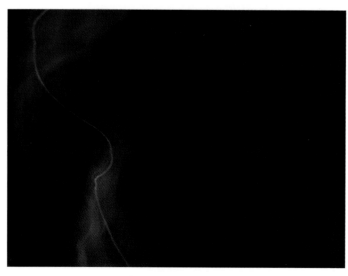

⑧光の筋が写り始めた

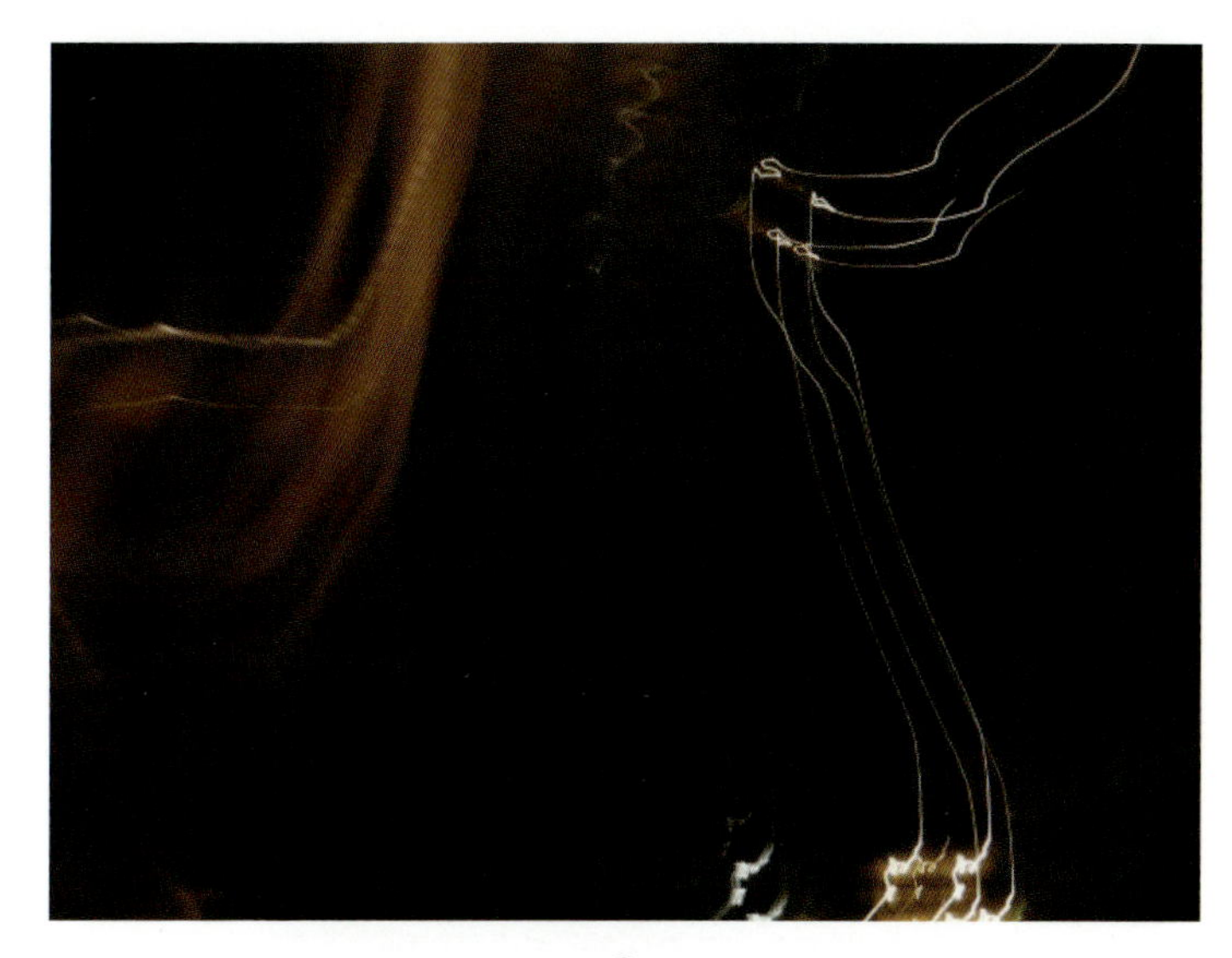

⑨

⑩次第にパターンが現れ始めた

⑪空に向かって写しているのに、我々のいるベランダの
格子状のパターンと窓が写っている

⑫

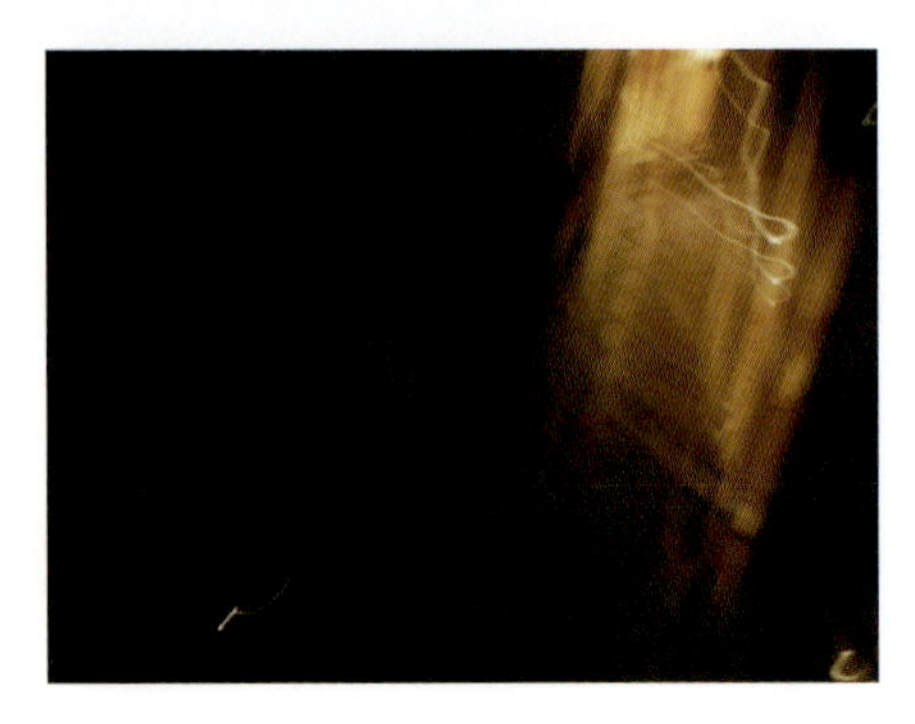

⑬

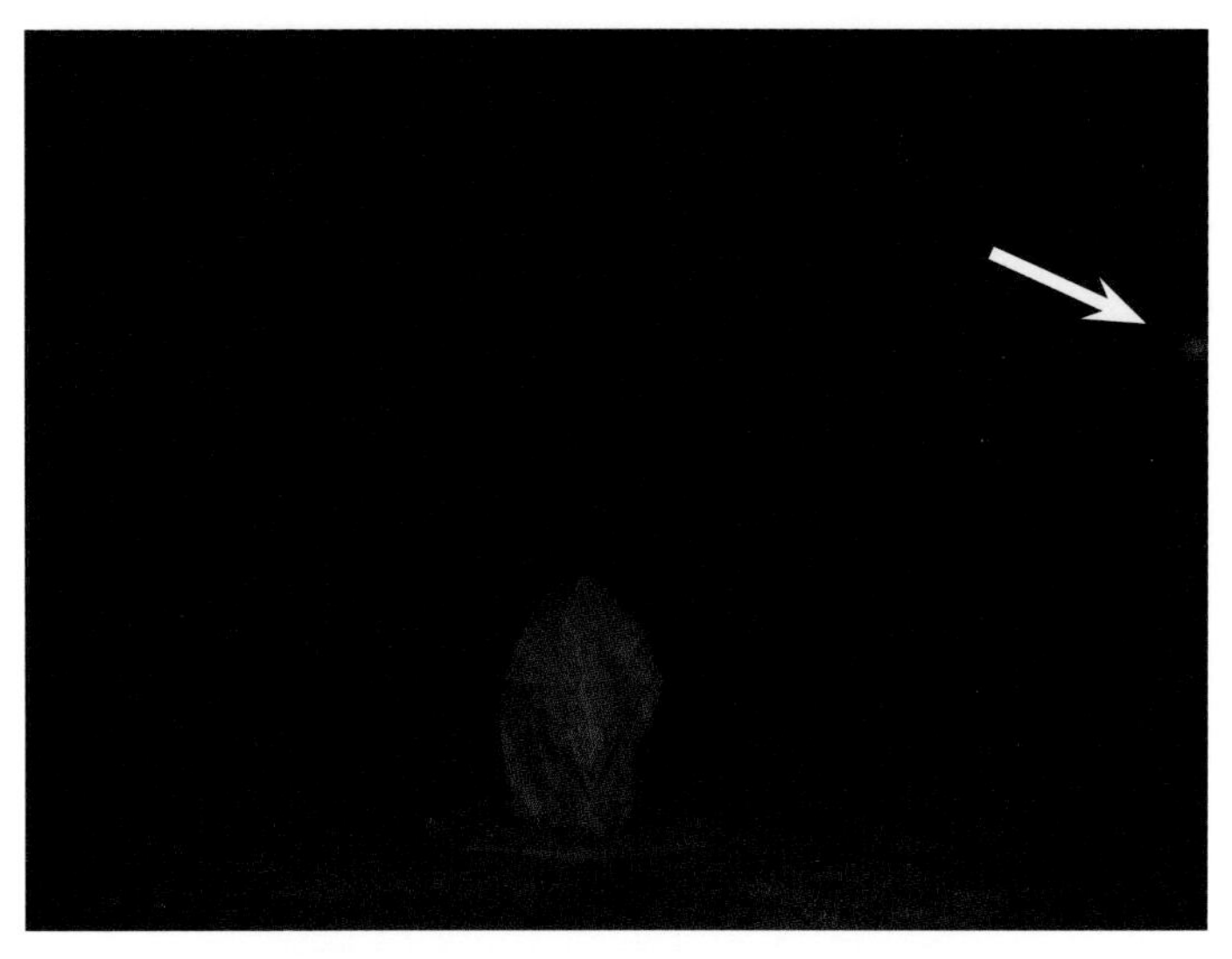

⑭水晶の右手に赤いオーブが現れた(矢印の部分)

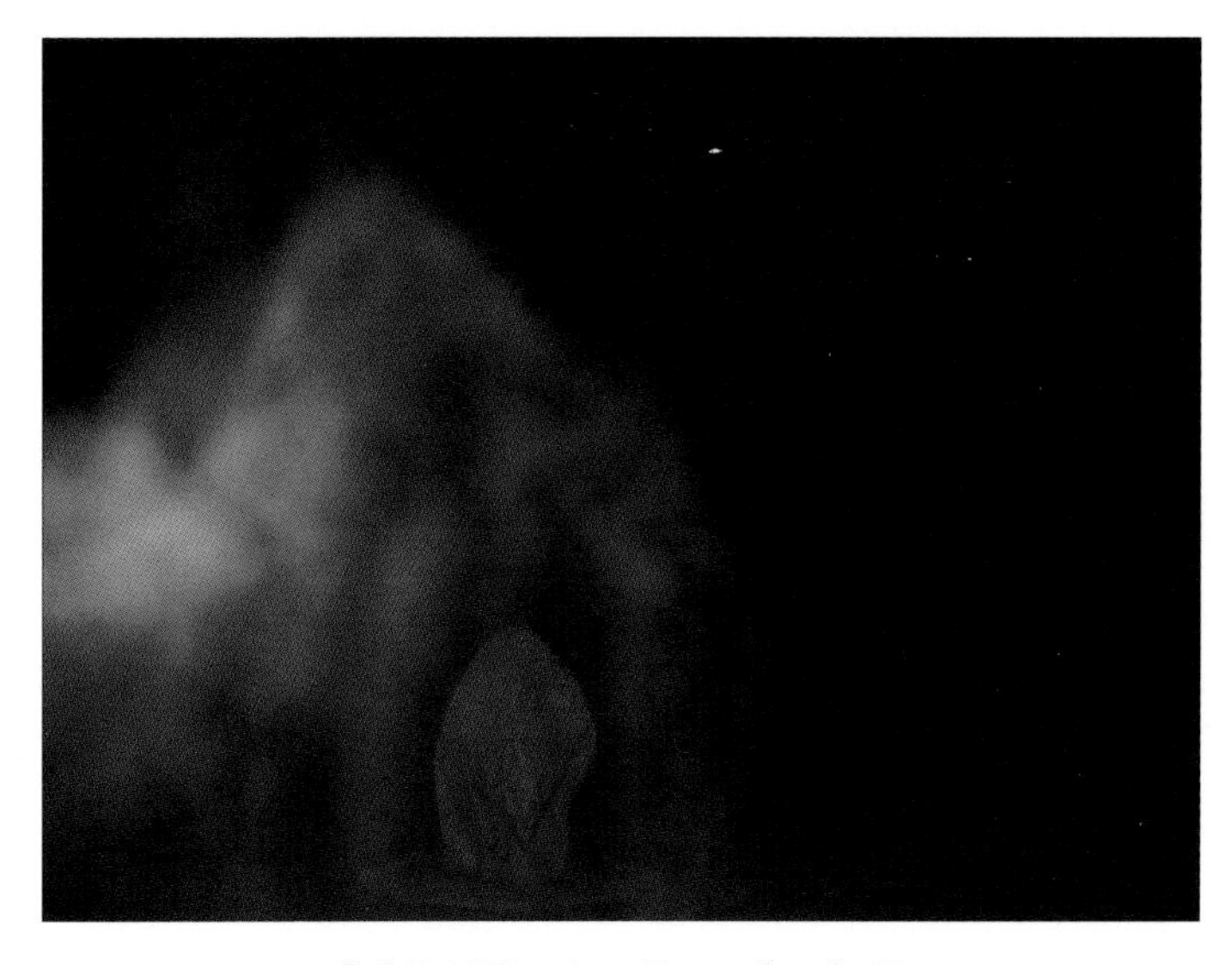

⑮水晶を覆うように現れたプラズマ場

⑯フランシーンがモンロー研で撮影した３体のＥＴ？

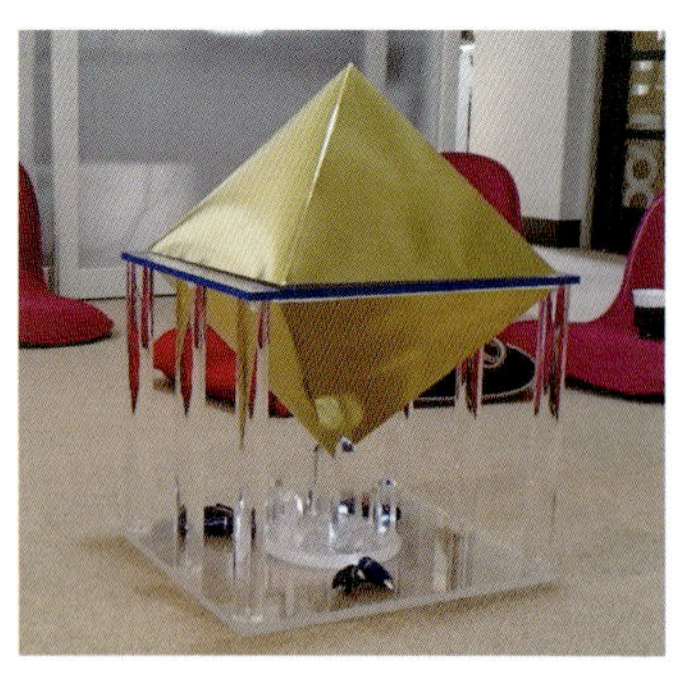

⑰ＥＴコンタクト・コースで使用する
ピラミッド型のオブジェ

⑱フラクタル・アンテナ・パターンの
付いたピラミッド

はじめに　――時は来たり

ＵＦＯを目撃したとか、宇宙人と遭遇したなどと真面目な顔で言うと、「この人、大丈夫？」と思われるのがオチです。なので、そういう体験をした人でも大っぴらには体験談を話したがりません。少なくとも今はそういう状況です。

ところが、今後10数年ほどで、状況は一変する可能性が高いと思われます。ＵＦＯの目撃や宇宙人との遭遇が当たり前の時代になる。そう言うと驚かれるかもしれません。

ただ、私が受け取った情報や、チャネラーと呼ばれる人たちが高次の存在から受け取った情報も多くの場合、それに即した内容になっています。

たとえば、米国人ダリル・アンカがチャネルする地球外生命体であるバシャールは、

２０２５年から２０３３年までに宇宙人とのオープン・コンタクトが起こると言っています（ただし、「今のまま進めば」という前提があります）。

オープン・コンタクトとは、公の場で宇宙人との接触がなされることを言います。公の場というのがポイントです。公でないなら宇宙人との接触はすでにかなりの頻度で起こっています。ただ、多くの人はそれを知らないか、あるいは、事実として認めていないというのが現状です。

今のままで、もしバシャールの言うとおりになると、それが世界に与える衝撃は幕末の「黒船来航」が日本に与えた衝撃どころではありません。

ちなみに黒船来航とは、１８５３年にペリー提督率いるアメリカ海軍の４隻の艦船が浦賀に来航し、開国をせまった事件をいいます。さらに、翌年には9隻が江戸湾に集結し、１００発以上の空砲を撃ったので、江戸は大混乱になったということです。

結果的に、14年後の１８６７年には約２７０年続いた江戸幕府は終わりを迎え、明治新政府の発足、その後の文明開化へと続いていきます。

つまり、黒船来航が日本の政治、経済、文化、社会、価値観に大きな変革を促したわけです。こういう大転換をパラダイムシフトと言います。

今のままで、突然オープン・コンタクトが起こると、世の中はそれこそ大混乱に陥るでしょう。宇宙人に征服されてしまうと恐怖におののく人もいれば、恐いもの見たさに見物人が宇宙船のまわりに大挙して集まるということもありえます。

実際、黒船来航時には、浦賀は見物人でいっぱいになり、勝手に小舟で近くまで行き、乗船して接触を試みた人もいたそうです。

なので、案外こういうときに、好奇心をかき立てられる人も多数いるのかもしれません。株は大暴落しそうですが、ＵＦＯ関連株や防衛関連株のみは高騰して、ひと儲けする強者（つわもの）も現れそうです。

冗談はさておき、突然のオープン・コンタクトで大混乱を引き起こすことは、宇宙人側も望んでいないでしょう。徐々に私たちの常識を変えていき、互いに安心できる状態でオープン・コンタクトを迎えるようにしたいと考えているはずです。

ただ、そのために残された時間はそれほどありません。ほんの10年、いや２０２５年なら最短で８年です。

私たちが衝撃を受けないようにするためには、今後、次にあげるような一連のことが、かなりのハイペースで起こる必要があるでしょう。

①地球外生命（知的とは限らない）の存在が科学的に証明される
②ＵＦＯの目撃が頻繁に起こる。ＵＦＯが一度に多数の人に目撃される
③ＵＦＯの存在が公知の事実となる
④宇宙人（地球外知的生命体）に夢の中で遭遇する人が増える
⑤宇宙人と物質世界で遭遇する人が増える
⑥宇宙人の存在が公知の事実になる
⑦宇宙人と公の場でのコンタクト（つまりオープン・コンタクト）が起こる

この一連のことが、ほんの10年ほどで起こるというのは、信じられないほどのハイペースです。

とはいうものの、私自身が受け取ったメッセージも、このペースに即したものでした。バシャールのように、具体的に何年にオープン・コンタクトが起こるというメッセージではありませんが、「ともかく急げ」という漠然としたものでした。

私は２０１６年10月から「ＥＴコンタクト・コース」という、ヘミシンクを使った１日

セミナーを開始し、同年の年末までに東京、福井、広島、名古屋、芦屋、福岡、札幌、東京という順番で開催したのですが、これも「急がなければ」という、何とも言えない感覚に押されてのことです。

ここで、ヘミシンクについて簡単に説明しておきます。ヘミシンクとは、米国のモンロー研究所により開発された音響技術で、ステレオ・ヘッドフォンを通して聴く特殊な音です。これを聴くと、変性意識と呼ばれる、通常の覚醒状態とは異なる意識状態へ安全に導かれます。その状態では、意識が時間、空間の束縛を超えて広がり、次のことがらが可能となってきます。

- ガイドと呼ばれる、自分を導く存在とつながる
- 過去世など、自分の他の生命体験を知る
- 死後世界を訪れ、亡くなった人と会う
- 地球を離れ、遠くの星や銀河を訪れ、そこに住む自分の分身のような数多くの生命存在（ET）たちを知る

- それを通して自分がこの肉体をはるかに超える存在であることを知る
- 自分の内面にあるさまざまな囚われを解消し、本来の自分の輝きを取り戻す

私はモンロー研究所の公認トレーナーとして、ヘミシンクを聴く5泊6日のモンロー研究所公式セミナー（モンロー研ではプログラムと呼ばれます）や、1日ないし2日のワークショップを日本で開催しています。

2005年以来、2016年末の段階で5泊6日のモンロー研公式プログラムを80回開催してきています。

モンロー研究所のプログラムを体験してゆくにつれて、ETとのコンタクトは自然に起こってきます。たとえば、エクスプロレーション27やスターラインズというプログラムでは、地球のまわりの非物質次元の宇宙空間まで行き、ETと出会う機会が何度もあります。ただし、これは通常の物質世界とは異なる次元でのことです。物質世界で会うわけではありません。

ところで、私は、モンロー研究所のトレーナーであるフランシーン・キングと共に、2016年5月に、日本でガイドラインズというプログラムを行ないました。そのとき、

フランシーンは突然、「来年（２０１７年）５月に、日本で世界初のスターラインズ・リユニオンを開催します。このプログラムでは、ＵＦＯやＥＴと物質世界でコンタクトします」と宣言しました。物質世界でのコンタクトは行なったことがなかったので、私は心配になり、「ほんとに大丈夫なの？」と聞き返しました。

すると、彼女いわく、「Time has come（時は来たり）」。

彼女はガイドたちから明確なメッセージを受け取ったそうです。いよいよ物質世界でのコンタクトが始まるというのです。

時代は急激に変わり始めているようです。それを裏付けるように、あのＮＨＫが２０１７年1月17日の『クローズアップ現代＋』で、地球外生命を取り上げたのです。「宇宙から謎の信号？　地球外生命を追う」というタイトルで、世界の科学者が真面目に地球外知的生命の探査を行なっている様子を伝えていました。さらに、実際に見つかった場合の公表の手順についてまでも、世間への影響度を考慮して、真剣に議論されているということが放送されていました。

ＮＨＫでこういう内容が放送される背景には、信頼できる多くの科学者が地球外知的生命の存在を前提にして議論しているということがあります。

今、一般大衆は宇宙人の存在ということについては懐疑的で、そういうことを言う人を冷ややかな目で見る傾向がありますが、案外、科学者が地球外知的生命の証拠を見つけることがきっかけになって、大きなパラダイムシフトが起こるのかもしれません。

ただし、科学者だけに任せて私たちは漫然と待っていればいい、というものではないようです。このプロセスがスムーズに進むように、多くの人たちによる積極的な行動が必要と思われます。

私は、そういう流れの中で少しでも手助けになればと思い、本書を書きました。

この本では、そもそもＥＴ（地球外生命体）とはどういう生命体なのか、ＥＴコンタクトとはどういうことを言うのか、というところからお話しします。

そして、ＥＴコンタクトのこれまでの状況と、モンロー研究所における先駆け的なプログラムについて説明した後、これから起こってくるであろうＥＴとの物質世界でのコンタクトと、その準備についてお話しします。

本書で強調しておきたいことがいくつかあります。

そのひとつは、ETたちというのは私たちと深いつながりのある生命体だということ、多くのETたちは人類に友好的だということです。

ふたつ目は、私たちがETとコンタクトするのは、今、人類が体験しているアセンションと呼ばれる大発展の一環であり、必然なのだということ、人類はETと会うべくして会うということです。

三つ目は、ETたちと本当の意味で対等の関係を作るには、潜在意識と無意識にある闇の領域に光を入れ、恐れや囚われを解消し、真実の自己を輝かせるようになることが必要だということです。

本書が、みなさまのETとのコンタクトへ向けての一助になれば幸いです。

２０１７年1月

坂本政道

もくじ

第1部　ETコンタクトとは何か

第1章　ＥＴコンタクトとは何なのか

ETって何？

まずＥＴとは英語の Extra-Terrestrial という言葉の略で、地球外生命とか地球外生物のことです。

ＥＴというと、スティーヴン・スピルバーグ監督・製作のＳＦ映画『E.T.』に出てきた、愛らしい生物を思い起こす人も多いかもしれません。

実際のところ、この映画のおかげでＥＴという言葉が日本で一般化したので、ＥＴというと、あの生物というふうに考える人がいても不思議ではありません。

ただ、この本では、もう少し一般化して、地球外生命全般を指すことにします。その中でも特に、地球外の知的生命体のことを指すことにします。

つまり、これまで宇宙人とか異星人と呼ばれてきた生命体のことです。そして、こういう言葉より優れている点は、それらを「人」と特定していない点です。地球外生命には、人類型ではないものもけっこういます。後でお話ししますが、たとえば、龍とかカマキリのようなものもいます。

以下、本書では、ＥＴ（地球外生命体）と異星人、宇宙人という言葉を、同じ意味で使っていくことにします。

コンタクトって何？

それではコンタクトとはどういう意味かというと、これは直訳すると「接触」です。

コンタクトという言葉は日本語としても普通に使われるので、理解しやすいでしょう。

たとえば、犯人とコンタクトした、と言った場合、犯人と会った、という場合もあれば、犯人と連絡がとれた、という場合もあります。

連絡がとれたという場合は、会ってはいないが、電話など何らかの手段で交信できたという意味になります。

つまり、ＥＴコンタクトというのは、地球外の知的生命体と遭遇するとか、何らかの手段で交信するという意味になります。その中にはテレパシーでの交信も含まれます。

これをもう少し意味を広げて、地球外生命体の宇宙船を見る、あるいは、宇宙船に搭乗するということを含めるのが一般的です。

つまり、**ＥＴコンタクトとは、**

（A）地球外生命体（ET）の宇宙船を見る
（B）地球外生命体（ET）の宇宙船に搭乗する
（C）地球外生命体（ET）と何らかの手段で交信する
（D）地球外生命体（ET）と遭遇する

のいずれか、または、いくつかを体験することを指します。

地球外生命体とは、具体的にはどういう生命体なの？

それではETとは、具体的にどういう生命体たちなのでしょうか。

実はひと言でETと言っても、数多くの異なる種族がいて、さまざまな起源を持っています。平たく言えば、いろいろな星に住んでいます（正確には、そのそばの惑星）。

特に今のこの時期に人類にかかわってきているETの多くは私たちと関係の深い生命体たちで、その多くは銀河系の中の太陽系の近くの星に住んでいます。ただ、中にはアンドロメダ銀河やソンブレロ銀河など銀河系以外の銀河に住むものもいます。

ここで、太陽系の近く
と言っても地球から2千光年ほどの範囲です。これは光の速度で2千年かかる距離です。

◇宇宙の話

2千光年と言っても、ピンとこない人も多いと思いますので、ここでちょっと宇宙の話をしましょう。特に、距離がどのくらいあるのかということについてお話しします。

宇宙は広大ですので、距離は光で行ってどのくらいの時間がかかるかで測ります。光は1秒間に30万キロ、地球の赤道を7回り半します（ただし、光が曲がって進むとして）。

地球から月までは38万キロ、光で1秒ちょっとです。太陽まで8分、太陽系の一番外側にある惑星、海王星まで4時間です。

そう考えると、2千年というのは膨大な距離に聞こえますが、宇宙の中ではごく近い距離なのです。ほんとうに、ご近所さんという感じです。

たとえば、太陽は銀河系（別名、天の川銀河）という数千億個の星の集団に属していますが、銀河系の直径は10万光年もあります。つまり、端から端まで光で10万年かかります。太陽系は銀河系の中心から3万光年ほどの距離にあります。

銀河系は目玉焼きのような形をしています。銀河系が直径10センチの目玉焼きだとしたら、中心から3センチほどのところに太陽系があります。2千光年というのは2ミリになるので、太陽から2千光年ほどの範囲というのは、この10センチの目玉焼きでは、ほんの2ミリの範囲に相当します。銀河系全体から見れば、太陽近傍のごく狭い範囲と言えます。

銀河系の大きさは巨大ですが、ここで話は終わりません。

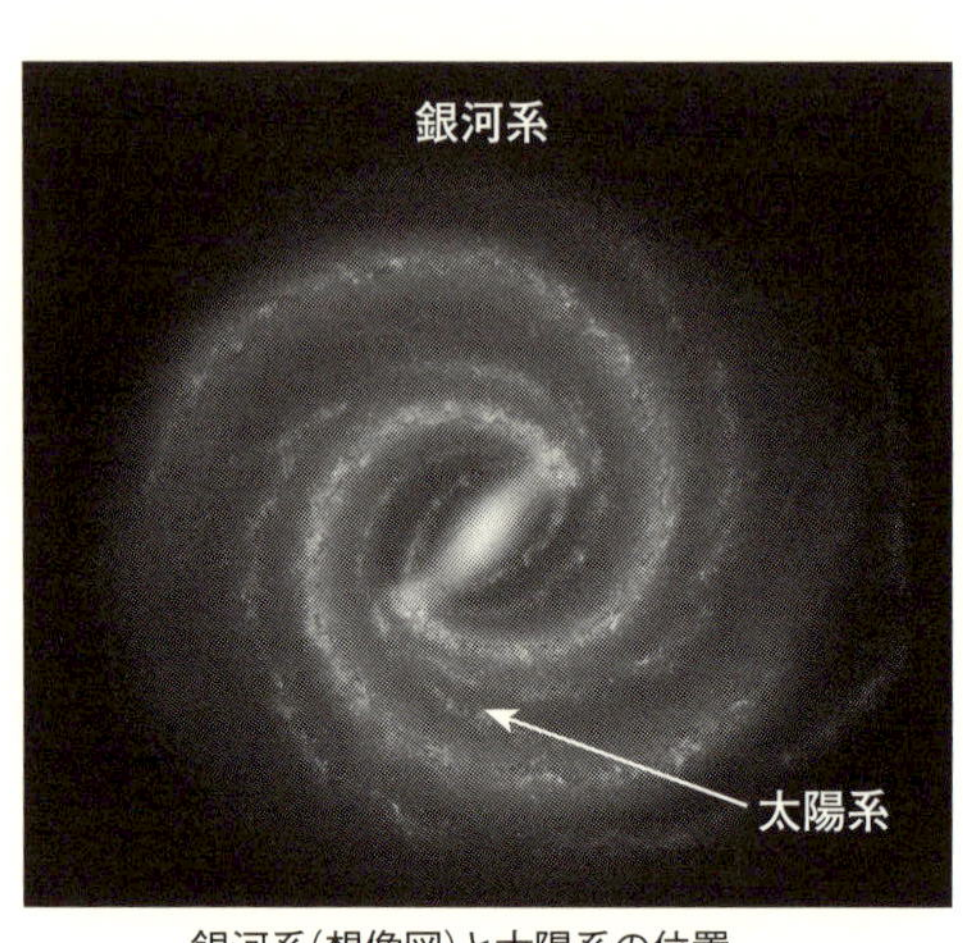

銀河系(想像図)と太陽系の位置

銀河系のような星の集団は銀河と呼ばれていますが、お隣の銀河であるアンドロメダ銀河までは250万光年あります。

宇宙にはこういう銀河がそれこそ星の数ほどあります。観測できる宇宙の範囲内にある銀河の数は2兆個と言われています。これまでに観測された最も遠い天体は300億光年以上の距離にあるとされています。

何億光年とか言われてもピンとこないと言う人は、1光年をお金の1円に置き換えるといいかもしれません。

たとえば、一番近い星までは、タクシー「ひかり」で4円で行ける。銀河系を端から端まで行くのには10万円。アンドロメダ銀河までは250万円。もっとも遠い銀河は300億円。

ということで、2千光年（つまり2千円で行ける範囲）は、ごく近場だということが、ご理解いただけたでしょうか。

今、人類にかかわってきているETたちは、そういう〝近場〟に住んでいるETたちです。彼らには、人類に見た目が近いもの（人類型）も多くいますが、人類型ではないものも多数います。

◇宇宙にいる生命体の種類

ではここから、どういう種類の生命体がいるのかということをお話しします。

宇宙にいる生命体は、肉体（物質の体）を持つもの、非物質の体を持つもの、エネルギー状で体を持たないものに、おおむね分けられます。

肉体（物質の体）を持つといっても、中には岩石に宿る生命のようなものもいます。岩石が彼らの体なのです。あるいは、一瞬のイナズマや風に宿るものもいます。私たちの考えている体とはずいぶん違いますが、物質でできた生命の乗り物には違いありません。

もう少しなじみのあるところでは、植物、動物は、宇宙ではごく一般的に見られます。

もちろん植物や動物といっても、地球には存在しないタイプもいます。

それでは次に、知的生命体についてお話しします。

◇人類型のETたち

まず人類型ですが、ひと言で人類型と言っても、人類にそっくりなものから、かなり異なるものまでいます。

実は、こういった人類型宇宙人というのは、遺伝子的に互いに深い関係にあります。

人類型宇宙人がこの銀河系内でどのように発展してきたかについては、『バシャール×坂本政道』（VOICE／以下同）に概略が出ています。

この本は、私が2008年11月にアメリカでバシャールのチャネラーであるダリル・アンカに会い、バシャールのチャネリング・セッションを受けたときの記録です。

バシャールによると、アヌンナキと呼ばれる異星人が人類型の元だということです。アヌンナキはこの物質宇宙とは少し次元の異なる宇宙から来た生命体です。

人類型は銀河系の中では、まず、こと座のいくつかの星とオリオン座リゲルで発達しました。その後、彼らはこと座ヴェガ、オリオン座ミンタカ、プレアデス星団など、多くの星系へ入植し、その一部はさらに地球へやってきました。

このため、こういった星に住む人類型生命体たちは、地球人類と遺伝子的につながりがあります。ただ、それぞれが独自の進化を遂げているので、見た目や体の大きさ、色合いには、かなりの違いがあります。

アヌンナキに起源を持つ人類型には、こと座星系、オリオン座星系、プレアデス、グレイ、ハイブリッド（混血）、地球人類がいます。

人類型は、この銀河系やその他の銀河でバシャールたちが遭遇したすべての知的な生命の中の15パーセントぐらいということです。

◇非人類型のETたち

次に、人類型でない生命体ですが、典型的なところでは、伝説に出てくる龍のような姿のものがいます。シリウスやいくつもの星に、龍型の生命体が住んでいます。

龍に翼のあるタイプもいます。いわゆる翼竜（地球では1億年ほど前の中生代に住んでいた化石生物）です。古代マヤに文明を授けたククルカンや古代アステカのケツァルコアトルは、翼を持つ蛇と言われていますが、まさにこの形です。

他には、イルカや魚のようなもの、ネコなど動物の姿のもの、鳥のような姿のもの、トカゲのような爬虫類型、私たちの目には昆虫や甲殻類のように見えるもの、たとえば、カマキリやバッタ、アリやハチ、カニやエビのようなものもいます。ウルトラマンに出てくるバルタン星人のようなものもいます。

本当にこういう姿形を持っている場合もありますが、私たちが恐怖心を抱かないように、あるいは、把握しやすいように、私たちになじみのある姿をとって現れるという場合もあります。たとえば、カエルやトマト、ブロッコリーという形をとって現れるということもあります。

姿や大きさはさまざまですが、これらはみな知的生命体なのです。地球の生物では、人類とイルカぐらいしか、知的生命体と呼べる存在はいません。そのため、見た目で判断する傾向の強い私たちは、たとえば、アリが出てくると、こんなのあり?などと思ってしまいます。

でも、私たちを見て、向こうも同じように思っているかもしれません。先入観は捨てなければいけないということです。

私たちの魂は、みな地球外から来た

今、私たちは地球で人間をやっていますが、魂として見た場合、初めから地球にいたわけではありません。どこか別のところからやってきたのです。そういう意味では、私たち自身もＥＴなのです。

私はこれまでモンロー研究所の開発したヘミシンクを聴くことで、自分のいわゆる過去世をいくつも思い出してきました。そして、自分がどこから来たのか、どういう歴史を持っているのか、おおむねわかってきました。それは簡単に言うと、こんな感じです。

大きな存在から分かれて「自分」が生まれました。

その自分はさらにいくつかに分かれたりしながら、いくつもの生命系で体験を積んできました。

その中には地球から見てオリオン座の方向にある５００個ほどの星々や、その他の星も含まれます。人類型の生命も、いく度となく体験しています。

オリオン大戦と呼ばれる惑星間の戦争のさなかには戦士や艦長、王や王子などをやり、かなり戦いに没頭していたようです。

その後、大戦のしがらみから逃れるために密かにプレアデス星団に来て、しばらくすべてを忘れて遊んでいました。

ところが、地球という非常に魅惑的な星のうわさを聞きつけて、訪れることにしました。せっかくならということで、時間を超えて60億年前へ行き、地球が生まれる前の原始太陽系で、宇宙空間に浮かぶ岩石から体験することにしました。

その後、水晶、溶岩、雪、雲、魚状の生物を体験し、ここで一度、別の星へ行き、イルカのような海洋生物を何度も体験。再び地球に戻って、キジのような鳥やウシ、イヌなどを経て、人間を何百回と体験してきています。

地球での生命体験は60億年前から始めていますが、地球にやって来たのはつい最近という感覚もあります。地球に来て、時間を超えていくつもの生命体験を一挙に並列にやってるという感じです。

みなさんも私同様、数々の生命系で興味深い体験をした後、地球に来て、その後、何度も人間をやって今に至っているはずです。

中には地球で人間をやるのは今回が初めてという人もいます。そういう人たちは今進行中のアセンションと呼ばれる地球と人類の大変化をサポートするために人間として生まれてきたと言われています。彼らはインディゴ・チルドレンなどと呼ばれることがあります。

ほとんどの地球外生命体は友好的な存在

異星人とか宇宙人と聞くと、地球を侵略してくる恐ろしい存在という印象を持つ人が多いようです。

これには、映画やテレビ番組、雑誌や本など、メディアの影響が強くあるのではないでしょうか？　実際、多くの映画やテレビドラマで宇宙人は地球を侵略する邪悪な存在として描かれています。映画『宇宙戦争』や『インディペンデンス・デイ』などは、その典型でしょう。

後でお話ししますが、こういった背景には、人間の集合意識に宇宙人に対する恐怖心があることも一因となっています。

ただ、宇宙人がみな邪悪な存在だというのは、真実からかけ離れています。それどころか、ほとんどの宇宙人は人類に友好的なのです。

特に私たちに積極的にかかわってくるような宇宙人の多くは、非常に友好的な存在だと考えていいでしょう。愛情と優しさ、喜びに満ちあふれた存在たちです。

本書ではこの点を強調したいと思っています。

ダークサイドのET

地球人に邪悪な人がいるように、ＥＴにも少数ですが邪悪なものはいます。

邪悪なＥＴに共通する特徴は、互いに協力し合うことが絶対にないという点と、地球人を思い通りにコントロールしたいと思っている点です。

そのため、彼らは金や権力、名声が欲しいと強く思っている人を選び、たくみに近づきます。そして、そういう欲を満たしてあげる代わりにコントロール下に置いてしまうのです。

メディアなどを通して発信力の強い人も狙われます。そういう人を通して、彼らが世界を裏で支配しているという誤った情報を発信させようとします。そうすることで、人々に恐怖心を植えつけ、コントロールしやすくする狙いです。

なので、こういった、真実ではない情報に興味を持ったり、迷わされたりしないようにしてください。

ＥＴだけでなく、より地球的な存在の中にも、この手のものはいます。彼らは幽霊のように物質ではない体を持った存在で、地球に付随する非物質世界の中の低い周波数領域にいます。神社などに居座っていることもあります。

それでは、邪悪な存在とそうでない存在とを、どうやったら見分けることができるのでしょうか？　答えは、人を見分けるときとほぼ同じだと考えてください。おおむね、その人の放つエネルギーでわかります。邪悪な存在は、どこかダークな感じがしたり、威圧的だったりします。

また、その話す内容でも判断できます。彼らの言うことの8割から9割は、まともなことです。邪悪でない存在でも言いそうなことを言います。そこで信用させて、残りの1割から2割で、人を脅すようなことを言います。

たとえば、「私の言うとおりにしないと、身内に不幸が来ますよ」とか。

このように言う場合は、１００パーセント邪悪な存在です。邪悪でない存在は、そういうふうに脅すようなことは言いません。

私は一時期ダークサイドのＥＴとつながったことがあります。それについては『ダークサイドとの遭遇』（ハート出版）に詳しく書きました。

私の場合は、ダークサイドのＥＴと遭遇することが、大きな意味での自分の中のネガティブな側面をポジティブな側面と統合してゆく過程で不可欠なことだったと思っています。

ただ、みなにとっても不可欠だとは思えませんので、そういう存在はできるだけ避けたほうがいいでしょう。

人類のアセンションに伴い、こういう邪悪なＥＴの数は、かなり減ってきてはいます。かかわらないで放っておけば、そのうちいなくなるはずです。

多数のＥＴが地球のまわりの宇宙空間に集まっている

実は、地球のまわりの宇宙空間に多数のＥＴたちが、それぞれの宇宙船に乗って集まっています。

ここは地球から少し離れた宇宙空間ですが、私たちの住む通常の物質次元とは異なる、非物質次元にあります。そのため、普通の宇宙船からはまったく見えませんし、ぶつかる心配もありません。

この領域にＥＴたちが集結し始めたのは、何十年も前からのことです。ロバート・モンローの『魂の体外旅行』（日本教文社／以下同）の原著は１９８５年に出版されましたが、その中の「大集合」という章に、すでに詳しく書かれています。

多くのＥＴたちがこの領域に集まっているのは、今まさに地球と人類が、アセンションと呼ばれる大きな転換期に突入したからです。

アセンションとは、地球と人類が、今いる第3密度という段階から第4密度と呼ばれる段階へ上昇することを指します。密度については、また後でお話しします。簡単に言うと、みなが悟りを開くということです。仏になると言ってもいいでしょう。

地球で起こりつつあるアセンションは非常にまれな現象ということで、地球や人類だけでなく、他の多くの生命系に多大な影響を及ぼすと言われています。そのため、宇宙中の注目を集めているのです。

地球のまわりの非物質次元にある宇宙空間に集まったＥＴたちは、その目的によって、ふたつに分けることができます。

①アセンションの様子を観察して、母星にレポートするため

②アセンションを手助けするため

テレビのワイドショーのレポーターのように、その様子をつぶさに観察して母星へ報告するために来ているETも多数います。中には突撃レポーターとして、人間になったものもいるようです。

バシャールによれば、「人類が非常に束縛の多い状態を脱して自由になっていく過程を見ることで、多くのETたちがたくさんのことを学ぶことができる」とのことです。私たちは宇宙中のETたちに、貴重な学びを提供しているそうです。

このような、レポーターとして来ているETたちも大勢いる一方で、私たちを手助けするために来ているETたちも多数います。

彼らの多くは私たちと関連の深い生命存在たちです。関連が深いというのは、どういうことかというと、彼らは大きな意味で自分なのです。

大きな自分

ヘミシンクを聴いて時空を超えてさまざまな体験をしてくると、遥かな過去に自分が何か大きなものから分かれて生まれたということが、わかってきます。他の人たちも同様に何か大きなものから分かれて生まれているのです。

何か大きなものから分かれて生まれた自分は、その後、さまざまな生命系で数々の生命体験をしてきています。また、途中でさらにいくつかの自分に分かれて、それぞれが並列に生命体験をしてきています。そして、どこかの段階で地球に来て、地球での生命を何度も体験してきているのです。

大きなものから分かれて生まれた自分は、これまでに数多くの生命を体験していますが、そういう自分たちの集団を、モンローはI／There（アイゼア）と呼んでます。向こうの世界の自分という意味です。以下、この本では略してITと呼ぶことにします。

自分のＩＴのメンバーには、地球以外の星で生きている、あるいは、生きていた者も多数います。その総数は数千とも数万とも言われています。

このＩＴは、他の教えでトータルセルフとかオーバー・ソウル、モナードと呼ばれる概念に近いと思われます。

フォーカス・レベルでいうと、ＩＴはフォーカス34／35にあります。フォーカス・レベルとはモンローの作った言葉で、異なる意識状態を表す指標です。

モンローは、自分が分かれた「何か大きなもの」のことを、**I／There（アイゼア）クラスター**と呼んでいます。略して**ITクラスター**と呼ぶこともあります。このＩＴクラスターは、他の教えでソウル・ファミリーとかグループ・モナードと呼ばれる概念に近いと思われます。

自分のＩＴだけでなく、数多くの人のＩＴが集まったものがＩＴクラスターだと考えてもいいでしょう。

ＩＴクラスターはフォーカス・レベルでは42にあります。フォーカス42まで行くと、ＩＴクラスターが知覚されてきます。

今、手助けに来ている生命体たちは、自分のＩＴのメンバーや、ＩＴクラスターでつながりのある生命体たちです。大きな意味で自分だと言っていい存在たちなのです。

ここで少し本題から離れますが、実は、フォーカス49まで行くと、ＩＴクラスターが、さらに大きな集団の一部だということがわかってきます。そしてさらにその上のレベルには、さらに大きな集団があるというふうに、階層構造になっています。

銀河同盟

銀河系内に住むＥＴたちは、全体でひとつの組織を作っています。それを銀河同盟と呼びます。地球に国際連合があり、世界中の国々が参加しているのと同じです。さまざまな星の住人たちが集まって、ひとつの連合を作っているのです。

宇宙連合とも呼ばれます。その呼び名はいろいろあるようです。

銀河系内には数多くの生命系があり、その多くで知的生命が文明を発展させています。発展段階は、初期のものから高度なものまで、さまざまな段階があります。

ある星の文明がある段階まで達すると、その住人はこの連合に入るようになります。

地球人類も、あと少しでこの連合に加わります。

バシャールによると、２０１２年まで地球は隔離状態にあったということです。緊急事態以外は、ＥＴたちは人類に直接干渉してはいけないという約束があったそうです。唯一の例外は核爆発による影響が地球だけでなく次元を超えてまわりへ及ぶ可能性があったときで、直接干渉して、たとえば核ミサイルの発射ボタンを無効化したりしたとのことです。こうした隔離状態は２０１２年で終わり、ＥＴたちはいつでも自由にコンタクトしてよくなりました。ただ、だからと言って、今すぐにでもホワイトハウスの目の前に宇宙船で着陸するかというと、そうではありません。私たち人類の準備がどれだけ整ったかを見極めながら、徐々に進めていくということです。

地球人類が銀河同盟に入る準備の一環として、今後いろいろなことが急ピッチで起こってきます。オープン・コンタクトが起こるのも、そのひとつと言えます。

アセンションの一環として起こるETコンタクト

私たちが第３密度から第４密度へ上がっていく過程で、ＥＴとのコンタクトは必然的に起こってきます。

というのは、周波数が上がり、知覚が広がると、これまで見えていなかったこと、把握できなかったことが、自然に見え、把握できるようになるからです。後でお話ししますが、第４密度の世界はＥＴたちが住む世界でもあるのです。したがって、第４密度へ上がるということは、ＥＴたちの住む世界へ入っていくということなのです。

これまでＥＴたちは、私たちには知覚できない世界にいました。それが、今後は知覚できるようになります。ということは、当然のことながら、彼らとの遭遇、交信が自然に起こってきます。

ただし、第４密度へ上がっていくには、私たちの心の奥底にあるさまざまな恐れを手放していくことが必要です。そうすることで、恐れに覆われて隠れている「真実の自己」と呼ばれる本当の意味での自分を取り戻し、それが輝くようになることが必要とされています。それができて初めて、私たちは真の意味で銀河同盟の一員になれるのです。

心の奥深くに潜む恐れを解消することの大切さについて、ぜひ理解していただければと思います。

どうして今すぐ現れないの？

どうして今すぐに大衆の面前に堂々と姿を現さないのか、と不思議に思う人もいるでしょう。

そうしないのには、わけがあります。

人類が宇宙人に対して恐怖心を持っているからです。その恐怖心から大混乱に陥るのが明らかなのです。人々はパニックに陥り、政治、経済、社会、あるいは信仰や信念体系に甚大な影響が出ます。そういう状況は誰も望みません。

この恐怖心は私たちの心の奥深くにあります。それは、人類の集合意識にあると言っていいでしょう。

こういう根強い恐怖心がある限り、私たちはＥＴたちと会う準備ができているとは言えません。ですから一歩一歩、段階を踏み、ＥＴに対する恐怖心を少しずつ軽減してゆく必要があるのです。

私たちがどれだけ準備ができたかに応じて、ＥＴとの遭遇の仕方も徐々に変わっていきます。それについては、後で改めてお話ししましょう。

第2章　ＥＴは人類と異なる次元にいる

ほとんどのＥＴは、人類とは異なる次元に住んでいます。これは、周波数（振動数）が異なる世界に住んでいると言い換えることができます。

あるいは、ＥＴの持つ周波数が、私たちの持つ周波数と異なるというふうにも言えます。そのため、異なる世界を体験しているのです。一般的にＥＴの方が、私たちよりも高い周波数を持っています。

実はすべての生命体が、それぞれの周波数を持っています。これは現代科学では知られていないことがらですが、バシャールなどの地球外生命体からチャネルした情報では、一般的に言われていることです。

それぞれの生命体に固有の周波数がある

生命体に周波数があり、しかも高い低いがあるというのは、ちょっとわかりづらい話です。

そこで、次の例を考えてみましょう。

感謝と喜びの中に生きている状態と、恨んだり呪ったりしている状態を比べてみるのです。同じ人がこれらふたつの状態にいる場合を比べてもいいですし、それぞれの状態にいるふたりの人を比べてもいいです。

たとえば、光の色合いでたとえて言えば、どうでしょうか？

前者は「白く輝いている」のに対して、後者は「黒い闇に包まれている」というふうに表現できるのではないでしょうか。

重さで言えば、「軽い」に対して「重い」となるでしょう。多くの人はこういうイメージを抱くのではないでしょうか。

それを周波数で言えば、前者は周波数が高く、後者は低いということになると思います。

つまり私たちは、人の持つ周波数というものを漠然とつかんでいるのです。

このように、人間でも周波数の高い人もいれば、低い人もいるし、同じ人でも時によって周波数が高くなったり、低くなったりすることがわかります。

人類の周波数

そういう差はありますが、人類はだいたい、ある周波数の範囲内にいます。

詳しくは『バシャール×坂本政道』に譲りますが、人類は、第3密度と呼ばれる周波数帯にいます。その周波数は6万～15万ヘルツです。ヘルツというのは、1秒間に変化する回数を指します。

それに対して、バシャールやプレアデス人など多くのETは、第4密度と呼ばれる、ひとつ上の周波数帯にいます。その周波数は18万～25万ヘルツです。

第3と第4の間には移行領域（15万～18万ヘルツ）があります。

ちなみに、第4密度の上にも移行領域（25万～33万3千ヘルツ）があり、その上に第5密度（33万3千～50万ヘルツ）があります。33万3千ヘルツから上は非物質、下は物質になります。つまり、第5密度からが非物質です。

つまり、第４密度といえども、まだ物質的な生命体なのです。第４密度の生命体も、第３密度の私たちと同様に肉体（物質からできた体）を持っています。ただ、肉体を構成する物質は第４密度の物質です。

私たちは第３密度の周波数を持っていますので、その住む世界も、第３密度の物質からなる世界です。

それに対して、多くのＥＴは第４密度の周波数を持っていますので、その住む世界も第４密度の物質からなる世界です。つまり、両者は異なる周波数の世界に住んでいるのです。

以上は、バシャールが『バシャール×坂本政道』の中で話していることです。

ところで、ロバート・モンローはミラノンという高次の生命体から「意識のレベル」についての情報をもらっています。その内容は、人類が第３密度にいることや、第５密度から上が非物質だということなど、バシャールが言ってることがらとよく一致しています。

ただし、ミラノンによれば、第３密度までが物質で、第４密度は物質と非物質を結ぶブリッジ（架け橋）だとしています。つまり、物質ではないとしています。この点はバシャールと少し異なっています。ただ、この違いは、何をもって物質と見なすかという定義の違いが原因とも考えられるので、本質的な違いではないと思われます。

密度と振動数

密度	振動数（Hz）	備考
第３密度	約 60,000 ～約 150,000	地球は今まで、この段階。 人類の平均は約 76,000 ～ 80,000Hz。 上は約 180,000Hz。今、人類は 第３密度から第４密度への移行期。 仏陀やイエス、クリシュナ、 ウォヴォーカは 200,000Hz 以上。 初期のアトランティスは平均 約 140,000 ～ 150,000Hz。
移行領域	約150,000 ～約180,000	ムー／レムリアは平均 約 170,000 ～ 180,000Hz
第４密度	約180,000 ～約250,000	ピラミッド内の儀式で到達したのは 約 200,000Hz。ここまでは物質界。
移行領域	約250,000 ～約333,000	バシャールたちの惑星・エササニでは 約 250,000 ～ 290,000Hz。 セッションのときのバシャールの宇宙船は 約 250,000Hz。 エササニは今、物質次元から非物質次元 への移行期。
第５密度	約333,000 ～約500,000	非物質界。
第６密度	約500,000 ～約666,000	
第７密度	約666,000 ～約825,000	
第８密度	約825,000 ～約1,000,000	
第９密度以上	約1,000,000 ～	

『バシャール×坂本政道』（VOICE）より

脳波との関係

リサ・ロイヤルは『宇宙人遭遇への扉』（ネオデルフィ／以下同）の中で、人類の体験する世界とETの体験する世界の違いについて、次のように書いています。

〈ETの体験する世界・現実は、私たちの脳波がシータ波やデルタ波のときに体験する世界・現実である〉

ここでいう脳波とは、大脳新皮質と呼ばれる脳の一番表面に近い部分に流れる、微弱な電気信号のことです。

私たちは目覚めているとき、脳は活発に活動し、脳波は主にベータ波と呼ばれる状態になります。脳波の変化の回数は1秒あたり13回以上となります。

目を閉じてリラックスすると、脳の活動は少しゆっくりになり、脳波は主にアルファ波と呼ばれる状態になります。変化の回数は少なくなり、1秒あたり7～13回です。

脳波	振動数	心身状態
ベータ波	13Hz 以上	目覚めた状態
アルファ波	7 ～ 13Hz	リラクゼーション、浅い瞑想
シータ波	4 ～ 7Hz	深い瞑想、浅い睡眠～中程度の深さの睡眠
デルタ波	4Hz 以下	深い睡眠、体外離脱？

眠ると、眠りの深さに応じて、シータ波やデルタ波と呼ばれる状態になります。シータ波は、浅い眠りから中ぐらいの深さの眠りのときの脳波で、１秒あたりの変化の回数は４～７回、デルタ波は熟睡時の脳波で、４回以下です。

ベータ波からアルファ波、シータ波、デルタ波へ行くにつれて、脳波の振動数は低くなります。ここでは、振動数と周波数は同じ意味の言葉です。

「ＥＴの体験する世界は、私たちの脳波がシータ波やデルタ波のときに体験する世界である」ということは、つまり、**ＥＴの体験する世界は、私たちが眠っているときに体験する世界**ということになります。

私たちは、眠っているときに体験する世界を単なる夢とみなして、まったく価値を見出しません。ただ、ここが実はＥＴとの遭遇の窓口なのです。

夢を見ている最中は、その世界が現実世界だと思っています。目が覚めて初めて、現実ではなかったと気づくわけです。つまり、その中にいるときは非常にリアルな世界なのです。

脳波	脳波の周波数	体験する世界	体験する世界の周波数
ベータ	高い	第３密度	低い
シータ デルタ	低い	第４密度	高い

脳波の周波数が低いときに、高い周波数の世界を体験する

ここで、ひとつ疑問に思う人がいるかもしれません。

シータ波やデルタ波は脳波としては覚醒状態（ベータ波）の脳波よりも低い周波数です。

また、脳波がシータ波やデルタ波のときには、ＥＴの体験する世界、つまり第４密度の世界を体験しますが、それはベータ波のときに体験する第３密度の世界よりも周波数が高いと少し前にお話ししました。

表にまとめましたので、そちらを見てくださると、わかりやすいと思います。

つまり、脳波の周波数が低いときに周波数の高い世界を体験すると

いうことになり、脳波の周波数と体験する世界の周波数の間には、逆転現象が起こっているわけです。

どうしてこういうことが起こるのでしょうか。

それは次のように考えると、説明できるかもしれません。

脳波がシータ波やデルタ波のときに、私たちは肉体（第3密度の体）ではない、それよりも周波数の高い体（第4密度の体）を体験すると考えるのです。それは夢の中で体験する体と言ってもいいでしょう。

俗に言うアストラル体とか幽体とか呼ばれるものと考えてもいいかもしれません。自分が肉体から離脱して、より周波数の高い体で行動すると考えてもいいですし、意識の焦点を肉体から第4密度の体のほうにずらすと考えてもいいでしょう。

眠らなくても体験できるシータ波やデルタ波の脳波

シータ波やデルタ波の脳波は、なにも眠っているときにのみ体験する状態ではありません。

瞑想や座禅、あるいは、宗教的な儀式や修行などを通して、意識をしっかり保ったまま体験することもできます。

同様に、ヘミシンクを聴くことでも、意識をしっかり維持したまま体験することができます。ヘミシンクについて、詳しくは以下のコラムをご覧ください。

コラム：ロバート・モンローとヘミシンク

ロバート・モンロー（1915〜1995）は、ラジオ番組制作会社の経営者でした。彼は音を使った睡眠学習の研究がきっかけとなり、頻繁に体外離脱を体験した結果、人間意識について深い洞察を得て世界観が一変しました。彼が知ったことがらの一部を紹介すると、

▽人は死後も存続する。死後世界にはさまざまな領域がある。
▽人は今生以外にも多数の生命体験をしてきている（地球やそれ以外の生命系で）。
▽人には、それぞれを導く〝ガイド〟と言われる存在がいる。

他の人にも同様のことを知ってもらうためには、自ら体験してもらうしかないと考え、開発されたのがヘミシンク（Hemi-Sync®）という音響技術です。

ヘミシンクの開発／脳波と心身状態

当時、4ヘルツ程度の脳波状態が体外離脱に関係することがわかっていました。そこで音を聴かせることで脳波に影響を及ぼせないかとモンローは考えました。

ただ、人の耳に聞こえる音の範囲は20ヘルツ～17000ヘルツ程度で、彼が興味のあった脳波はそれよりもずっと低い周波数でした。つまり、音を直接聴かせても、影響を与えることはできないことがわかりました。

そこで使われたのが、バイノーラルビートという現象です。**右耳と左耳に若干周波数の異なる音を聞かせると、その差に相当する信号が脳幹で生じ、**それに脳波は従うという現象です。

例えば右耳に100ヘルツ、左耳に105ヘルツの音を聞かせると、その差に相当する5ヘルツ（シータ波）の脳波が導かれます。しかも左右の脳が同期（シンクロ）します。

実際のヘミシンクではこういったふたつの周波数のペア（この例では100ヘルツと105ヘルツ）だけでなく、全部で7つのペアが組み合わされています。

これら7つのペアのブレンドを変えることで、ベータ波が主な状態から、アルファ波やシータ波、さらにはデルタ波が主な状態へ導くことが可能となっています。

ヘミシンクは40年以上の実績から、その安全性と有効性が証明されています。また、サブリミナル効果は一切使っていません。

ヘミシンクを聴くには

モンローは1970年代に、ヘミシンクの研究開発と普及のためにモンロー研究所を創設しました。モンロー研究所では、宿泊してヘミシンクを体験する各種のプログラムが行なわれています。

日本でもアクアヴィジョン・アカデミーが、モンロー研究所の公式プログラムを開催しており、日帰りで体験できるヘミシンクの1日コースや2日コースも開催しています。

ヘミシンクはCDという形でも市販されています。

ヘミシンク・プログラムとCDについて、詳しくはアクアヴィジョンのウェブサイト
www.aqu-aca.com をご覧ください。

第2部　ETコンタクトのこれまで

第1章　ET／UFOは通常は見えない

前の章でお話ししましたが、ＥＴは第４密度の生命体で、第４密度の物質からできています。彼らの宇宙船も同様に第４密度の物質からできています。

第３密度の私たちが見ても、周波数がかなり違うので通常は見えません。

ただ、ＥＴは自らの周波数や宇宙船の周波数を変えることができ、周波数を第３密度の近くまで下げてくると、私たちにも知覚できる場合が出てきます。

その場合でも、しっかりした形を持って見えるというよりは、光り輝く存在や半透明の存在にしか見えないようです。

ＥＴたちは地球のまわりに集まっていますが、先述の通り、２０１２年までは人類に直接干渉することは許されていませんでした。

そのため、彼らの宇宙船が目撃されたのは、以下の場合のみだったと考えられます。

①目撃する人に見られるように意図的に姿を現した
②たまたま意識の周波数が合って目撃された
③緊急事態が発生し、周波数を下げる必要が生じた（あるいは下がった）
④銀河同盟に従わないダークサイドの宇宙船だった

まず①ですが、目撃する人だけに見られるように絶妙のタイミングをとって現れる場合と、ＥＴがその人の意識の周波数を一瞬高めて宇宙船が見られるようにする場合とがあります。

都会の場合は、他の人に見られないというのはまずありえませんので、後者が一般的です。それに対して、人里離れたところでは、前者もありえます。カメラに写るのは前者ということになります。

このような形で宇宙船を目撃する人は、生まれる前に特定のＥＴと約束している人です。

どういう約束かというと、ＥＴがその人に今生のどこかで宇宙船を目撃させるという約束です。

そういう約束をする目的は、ひとつには、人類にＵＦＯの存在に慣れさせるというのがあります。

これは今後起こるオープン・コンタクトに向けての準備の一環として、かなり前から計画的に実行されてきているようです。

目的のふたつ目は、そのＥＴとのつながりをいずれ思い出すきっかけとなる、その種を植えるというような意味合いです。ＥＴ側として見れば、「あなた忘れちゃったの？　ここにいますよ。思い出してね」というような感じです。

目的の３つ目として、宇宙船を目撃した結果、ＵＦＯなどの超常現象に興味を持つようになり、生まれる前に計画した方向へその後の人生が進んでいけるようにする、という場合もあります。

たとえば、ダリル・アンカがチャネラーになったのは１９７３年にＵＦＯを2回、数十メートルという距離で目撃したことがきっかけでした。リサ・ロイヤルも１９７９年のＵＦＯ目撃体験が引き金になっています。

次に②ですが、これは意識の周波数が通常よりも高くなって宇宙船の周波数に一致し、見えてしまう場合です。

宇宙船の周波数が高いので、それによって引き上げられる場合と、もともと意識の周波数が高くなりやすい人の場合とがあります。

ヘミシンク・トレーナーのミツさんは、真昼間に都内の公園で宇宙船を見ています。ＵＦＯをよく見るという友人といっしょに公園に行ったときのこと、友人が上を見てごらんと言うので、見上げると、上空を宇宙船の一団が空を暗くするぐらいの数で飛んでいました。公園には他にも大勢の人がいたのに誰も気づいていないのです。空からほんの一瞬目を離して、また目を戻したら、もう見えなくなっていたとのことです。

意識の周波数が、友人のおかげで宇宙船にぴったり一致したのだと思われます。こういう場合は物質次元から意識がずれて見えているので、写真には写らない可能性が高いでしょう。

次に③ですが、ここでいう緊急事態とは、ＵＦＯに事故や故障が起こった場合です。

その例としては、１９４７年７月に起こったロズウェル事件があります。この事件では、墜落した宇宙船（空飛ぶ円盤）と宇宙人の死体が回収されたとされています。数多くの人の目撃談があるのにもかかわらず、軍は気象観測用の気球だと主張しています。

　バシャールによると、この事件は本当に起こった出来事で、ＵＦＯが雷に打たれて操作不能になり墜落したとのことです。乗っていたのはハイブリッド（グレイと人類との混血）タイプのＥＴです。乗員のひとりは生き延びましたが、数年後に亡くなったそうです。

　余談ですが、この件を見ても明らかなように、ＥＴやＵＦＯについては、軍や政府による隠蔽工作がなされているのです。そういう秘匿された情報を公開していこうという動き（ディスクロージャー）が米国を中心に行なわれており、スティーヴン・グリア博士の設立したＣＳＥＴＩという組織が、その中心的な役割をはたしています。ＣＳＥＴＩについては、後ほど詳しくご紹介します。日本では、グレゴリー・サリバン氏がＪＣＥＴＩを設立して活動しています。


　最後に④ですが、ダークサイドのＥＴたちは銀河同盟に属していないので、その行動を制限されていません。ただ、そうは言っても好き勝手に行動できるわけではなく、常に銀河同盟の監視の目が光っています。従って、監視の目をすり抜けられた、ごく限られた機会にのみ、人に目撃されています。

このダークサイドのＥＴが宇宙船の周波数を物質次元まで下げる技術を持っていれば、カメラに写ることもありえます。

２０１２年以降は、ＥＴは人類に直接干渉してもかまわないという状況になりました。その結果として、より頻繁に①が起こるようになっています。特に、ＥＴとテレパシーで交信できる人の場合には、お願いすれば機会を見て現れてくれるということが起こりやすくなっています。

私のＵＦＯ目撃体験

実は私もＵＦＯを目撃したことがあります。そのときの記録を紹介しましょう。

◇2012年3月11日（東日本大震災のちょうど1年後）自宅にて

午後８時半ごろ、自宅の玄関から出て北の空をなにげなく見ると、小さな白い丸い点が

3つ、三角形に並んで、北東の方向へ飛んでいきました。

そして、そのすぐ後を、また同じ光の点が3つ飛んでいきました。確か、同じように3回飛んで行ったと思います。3つの群の間隔は数秒です。

飛行機かと思ったのですが、音は聞こえず、飛行機のライトではありませんでした。通常の飛行機よりも移動速度は速かったです。

見ているときは、飛行機だと思っていたので、不思議に思わなかったのですが、数十秒後に、「今のは違うんじゃないか！」と思いました。そこで、忘れないうちに、すぐに記録をとることにしました。

まず光の点の明るさは、快晴の晩だったのですが、家の真ん前にある街灯のため、空の星は比較的見えづらく、オリオン座のリゲルよりは暗く、三ツ星よりは明るいと判断しました。リゲルは0等星、三ツ星は2等星なので、1等星ぐらいということになります。

次に、3つの光の点の間隔（三角形の一辺の長さ）は、オリオン座の三ツ星の両端の距離の半分ぐらいだったと思います。

それから、光の丸の大きさですが、満月の大きさよりはかなり小さく、でも、しっかりと円であることはわかりました。光の強度はその円内で一様で、その一様さが、通常の飛行機などではありえない感じでした。

あっという間の出来事だったので、UFOだったのか、何だったのか、今からでは確認のしようがありません。不思議なもので、見てる瞬間は、まさかUFOだとは思わないので、ぼーっと見ていました。後から、しまった！　もっとよく見とくんだった、と思うわけです。ほんの一瞬のことだったので、写真を撮る時間もありませんでした。

目撃したのが何なのか、バシャールと交信して聞いてみました。

「UFOだよ。YouTube（ユーチューブ）で似たようなのが見つかるよ」という答えを得ました。

さっそく、YouTubeで、UFOと入れて検索すると、たくさんの動画が出てきたのですが、その中の、「UFOs Over London Friday 2011」という動画に、何やらひらめくものを感じたので、見てみました。すると、まさに、この動画の初めの方で、空を横切っていく3つの光の点（三角形を成す）がそれでした。

先述した①から④までの中で、この体験はどれに当たるのかというと、おそらく①ではないかと思っています。

第2章　ET／UFOの存在は、まだ受け入れられていない

ＵＦＯを目撃したり、写真やビデオに写したりしている人は、まだごく一部です。写真やビデオに写るということは、物質界での現象ということになります。それに対して、目撃するというのは、変性意識状態での体験のことも、覚醒意識での（物質界での）体験のこともありえます。大勢の人が見たというのであれば、それは物質界での出来事だと考えていいでしょう。

いずれにせよ、こういうＵＦＯとのコンタクトは、近年かなり頻繁になってきました。

ただ、みなさんがご存じのように、ＥＴやＵＦＯの存在が一般に受け入れられているわけではありません。ＳＦ映画や小説、アニメの題材にはなりますが、あくまでもバーチャ

ルな世界での話です。

ＵＦＯを見たとか、ＥＴと会ったなどと、まだ大っぴらには言えない状況です。そういう話をする人は、ちょっと危ない人と思われます。

フェニックスの光

一般に受け入れられていないということを示す事例として、１９９７年にアリゾナ州フェニックスで起こった「フェニックスの光」（Phoenix Lights）というＵＦＯ目撃事件があります。

１９９７年3月13日の夜、Ｖ字型に並んだ7つの光点が1万人以上の人によって目撃されました。メディアにも大きく取り上げられましたが、アメリカ空軍による照明弾だという説明がなされて、一件落着しました。

検索サイト等で「Phoenix Lights」と入れて検索すると、写真や動画を見ることができます。

ところが、バシャールによると、シャラナヤと呼ばれるＥＴ（自らはヤイェルと呼ぶ）

の宇宙船だったということです。この宇宙船は1マイル（1・6キロ）もの長さがあるそうです。

ちなみに、バシャールによると、シャラナヤは人類が最初に公式に会うETとされています。彼らは、人類と、グレイと呼ばれる宇宙人のハイブリッド（混血）ということです。

話を戻します。

これだけ多くの人が目撃していながら、軍による説明がなされると、それで満足してしまい、一部を除いてそれ以上、疑問に思わなかったわけです。

大勢の目撃がありながら、1997年の段階では、一般の人々の持つ「ET／UFOは存在しない」という強固な信念は、くつがえせなかったということになります。

これは、正常性バイアスの一例と言えるかもしれません。正常性バイアスというのは、心理学用語で、多少の異常事態が起こっても、それを正常の範囲内ととらえて、心を正常に保とうとする心の働きを指します。

通常は自然災害や火災、事故などに関連して使われます。たとえば、東日本大震災の際に津波警報が出ているのに避難せず、津波にのみ込まれて亡くなった方たちがいます。その避難しなかった理由のひとつとして、この正常性バイアスが働いた可能性があるとされています。

「フェニックスの光」の場合も、正常の範囲内の出来事ととらえたいという心理が働き、それに即した説明を軍が行なうと、それに満足してしまったと考えられるのです。そういう意味では、私たちの持つ常識という信念は少々のことでは崩れないわけです。人類全体の集合意識がそういう強固な信念を保っているように思えます。

もうひとつ言えることは、そういう心理をうまく軍や政府が利用して情報を操作し、隠蔽しているという点です。

前にロズウェル事件についてお話ししましたが、アメリカ軍と政府は相当の情報を隠蔽していると考えていいでしょう。

ただ、そういう情報操作も、「フェニックスの光」と同様の現象がより広範囲で起こったり、頻繁に起こるようになれば、あるところで操作の限界に達します。すると、雪崩を打つように一挙に真の情報が広まってゆく可能性はあります。今後、10数年のうちに、まさにそうなるのではないでしょうか。

バシャールは、政府レベルではなく、民間レベルでオープン・コンタクトは起こると言っています。政府を通してはうまくいかないことがわかっているからです。

ディスクロージャー・プロジェクト

ＵＦＯやETについてアメリカ政府や軍は相当の情報を持っているのに、それを秘匿しているとして、情報の開示を求める団体がアメリカにあります。医師のスティーヴン・グリア博士によって１９９３年に設立されたディスクロージャー・プロジェクトです。

ディスクロージャーというのは、開示とか公開を意味する言葉です。一般的には、企業が事業内容などを公開することと、行政機関が情報を国民が自由に知ることができるように公開することを指します。

ディスクロージャー・プロジェクトは特にＵＦＯ、ＥＴならびに先進的なエネルギー技術と推進装置についての情報の開示を、アメリカ政府に求めています。

その一環として、これまでに５００名を越える政府や軍、諜報機関関係者が、ＵＦＯやＥＴ、ＥＴ技術、その隠蔽工作について、自らが直接目撃したことがらを証言しています。

詳しい証言内容については、ＣＳＥＴＩのウェブサイトの次のＵＲＬから入手可能です。

http://www.disclosureproject.org/access/

（上）スティーヴン・グリア博士
（左）記者会見の様子

ちなみに、ＣＳＥＴＩ（地球外生命体センター）は、グリア博士が１９９０年に設立した非営利団体です。こちらの方は、地球外生命体と平和的で持続的な関係を築くことを目的としています。

グリア博士とＣＳＥＴＩは２００１年５月９日にワシントン市にあるナショナル・プレス・クラブで記者会見を開き、そこで21名の退役軍人や政府、企業関係者が自ら直接知りえた情報について証言しました。

そしてアメリカ議会とブッシュ大統領に、公式な調査と情報の公表を促しています。

記者会見の映像はＹｏｕＴｕｂｅに公開されています。

２時間あまりの会見は、次のＵＲＬで、日

本語の字幕付きで見ることができます。
「ＵＦＯディスクロージャー・プロジェクト（日本語字幕）」
https://www.youtube.com/watch?v=UzJnZqpFzN0

ここでは、情報を入手できる責任ある地位にいた人たちが直接得た情報について、誹謗中傷や生命の危険をかえりみずに語っており、こういう情報が、いかに諜報機関や軍によって隠蔽されているのかが明らかになります。

これだけ重要な記者会見だったのですが、アメリカでは大きく報道されませんでした。ＣＮＮで簡単に報道されましたが、３大テレビ・ネットワーク（ＡＢＣ、ＮＢＣ、ＣＢＳ）では報道されませんでした。また、日本ではまったく報道されませんでした。

何らかの圧力がかかったというよりは、記者たちの偏見と固定観念が、この会見を無視させたのだと思います。また、悪いことに同じ年の9月11日には「アメリカ同時多発テロ事件」が発生し、全世界の注目が一気にそちらへ集中してしまいました。そういったこともあり、この記者会見については、さほど注目されない結果になりました。

その後、２０１３年4月29日から5月3日にかけて、シチズンズ・ヒアリング・ディスクロージャー公聴会が、ナショナル・プレス・クラブで開かれました。
先ほどのグリア博士は、証言者の一人として証言しています。この公聴会について、詳しくは次に載せられています。

Citizen Hearing
http://www.citizenhearing.org/

ここでは、元カナダ国防大臣や元アポロ宇宙飛行士、退役軍人、医師など40名が、UFOに関する情報を公表しています。
この公聴会については、リベラル系インターネット新聞のハフィントン・ポストで報道されましたが、それ以外のメディアによる報道はなかったようです。

Citizen Hearing on Disclosure
http://www.huffingtonpost.com/2013/05/03/citizen-hearing-on-disclo_3_n_3208536.html

これまでに、これだけ多くの信頼できる人たちにより情報公開がなされているのに、こういった情報はいまだ一般大衆の目に触れる段階には至っていません。

メディアに無視されているのがその一因ですが、メディアは一般大衆の持つ考え方を反映している面もあります。ゆえに、一般的な人々がいまだにＵＦＯやＥＴの存在に対して懐疑的だということが、ＵＦＯやＥＴについてのディスクロージャーが無視され続けている原因だと言えるのではないでしょうか。

第3章　9割の人は、すでにETやUFOに遭遇している

先ほどもご紹介した『宇宙人遭遇への扉』という本があります。これはチャネラーであるリサ・ロイヤルがもたらした情報を書き記したものです。彼女は、サーシャというプレアデス人の女性と、集合意識であるジャーメインをチャネルします。

この本にはETコンタクトの基本になる重要なことがらが数多く書かれていますので、ぜひ一読をお勧めします。

この本によれば、私たちの9割近くが、すでにETや宇宙船に遭遇しているとのことです。ただ、心の奥深くにある恐怖心や固定観念のために、顕在意識では認識できていないということです。遭遇体験は潜在意識の中に閉じ込められているのです。

ここで、リサ・ロイヤルによると、人の意識は次の３つの領域から成る階層構造になっています。

顕在意識

私たちがしっかりと自覚できている意識です。これまでの体験が情報（データ・ブロック）として収納されています。それが観念体系（固定観念、信念、価値観、物の見方など）を形成します。

潜在意識

顕在意識の下にある領域で、毎瞬入ってくる膨大な情報を、「顕在意識へすぐに送るもの」、「とりあえず潜在意識に置いて、後日見るもの」、「怖い話なので無意識に押し込むもの」に仕分けします。

潜在意識の上層部には顕在意識での処理を待つ情報（データ・ブロック）があり、下層部には対処するのが難しい、恐ろしい情報があります。

無意識

潜在意識の下にある領域で、元型（ユングの言うところのアーキタイプ）が支配する領域です。ハイヤーセルフとの接点であると同時に、「大いなる現実」との架け橋です。直面するのを避けてきた情報（恐ろしい情報）の廃棄場でもあります。つまり潜在意識から送られた恐ろしい情報のたまり場です。

ここには、ＥＴに対する恐怖心もあります。それは太古の記憶（ＥＴによる誘拐と遺伝子操作）が元にあります。

ＥＴを親と見なす「親の元型」もあります。これも太古の記憶（ＥＴが親のような役割を担っていた）が元にあります。

ここには、子供時代に受けた心の傷も潜んでいます。痛みを抱えたまま、心の中に住んでいる子供をインナーチャイルドと呼びます。

私たちの意識は、以上のような３つの領域から成り立っています。しかも、それぞれが独立していて相互に連絡がないので、ＥＴから見ると、私たちは多重人格者のように見えるそうです。

ＥＴ／ＵＦＯとの遭遇体験を覚えていない理由

さて、私たちがＥＴと遭遇しても、ほとんどの場合はその体験を覚えていません。その理由はこうです。

まず、ＥＴと遭遇すると、ＥＴの意識の周波数が高いために、私たちは覚醒状態を保てず、変性意識になります。ＥＴの周波数は私たちよりも高いため、ＥＴと遭遇すると、その周波数の方に引き上げられます。そのため、変性意識になるのです。

この状態では、潜在意識や無意識にある恐れが増幅されるので、物質的な現実しか認めていない人の場合、ＥＴとの遭遇は衝撃的な体験になります。ＥＴを恐ろしい存在と見たり、ＥＴに無理やり誘拐されたと思ったりします。

そのため、その記憶は潜在意識の中に封印されます。その結果、通常の意識に戻っても、その体験の記憶がないという事態になります。

また、私たちが宇宙船を目撃しても、ほとんどの場合は認識されません。その理由は、顕在意識は物質的な現実のルールに則した情報のみを処理し、それ以外は処理することを拒むため、その情報は潜在意識の中に閉じ込められてしまうからです。

このように、ETに会った体験や宇宙船を目撃した体験は、心の深いところに押し込められて、顕在意識では認識できないのです。

ETによる誘拐（アブダクション）

UFO内に無理やり連れ込まれ、手術台の上で何らかの検査をされたということを退行催眠で思い出す人がいます。それは、恐ろしい体験だったということです。1961年に起こった「ヒル夫妻誘拐事件」が、この走りとして特に有名です。

こういう誘拐はほとんどの場合、レチクル座ゼータという星の住人（ゼータ・レチクル人）と、グレイと呼ばれるETによるものです。

こうした体験を恐ろしい体験だと思うのは、人間の側のフィルターのためだと、前出の『宇宙人遭遇への扉』に書かれています。

リサ・ロイヤルとキース・プリースト著『プリズム・オブ・リラ』（ネオデルフィ／以下同）によると、ゼータ・レチクル人の関与した「誘拐事件」の真相はこうです。

ゼータ・レチクル人は、元々は、こと座にあるエイペックスという星に住んでいた、人類型の生命体です。

そこでは極端な個人主義に陥り、技術的な進歩が霊的な進化の速度を上回って急速に展開した結果、核爆発による放射能汚染のために地表には住めなくなりました。地下での生活を余儀なくされた彼らはまったく気がつかなかったのですが、核爆発によってエイペックスは元の空間から消え、次元の通路の反対側にある空間に出現しました。そこがレチクル座ゼータだったのです。

地下に潜った彼らの知性は高度に発達し、それと共に頭がい骨が極度に大きくなり、自然分娩による出産が困難になりました。そこで遺伝子工学を駆使してクローン技術によって子孫を残すようになりました。

さらに遺伝子工学により脳を変え、感情表現を抑制するようになりました。また、クローン化の推進により、肉体的な個体差がほとんど見られない種族になっていきました。地下での生活に適用するために、体は小さく作られるようになり、さらに、目は巨大化しました。こうしてゼータ・レチクル人が誕生したのです。

ところが、クローン技術による種の存続が何世代にもわたった結果、極端に遺伝子上の均質化が進み、進化が停滞してしまいました。そこで、遺伝子的に近い地球人類の遺伝子を使うことを思いついたというわけです。

実は、「誘拐」される人たちは魂のレベルで合意しているのですが、この出来事を恐怖心というフィルターを通して経験するために、恐ろしい出来事と受け止めてしまうのです。自分自身の内面にある陰の部分に直面する心の準備がまだできていないことが、そもそもの原因であり、この恐怖心を解消することが、人類が上の段階へ上がっていくための課題となっています。以上がゼータ・レチクル人による誘拐事件の真相です。

それでは、グレイというETによる誘拐事件はどうなのでしょうか。

それについてバシャールが詳しく話していますが、ゼータ・レチクル人の場合とほぼ同じと言っていいようです。

違いは、グレイがパラレルワールドに住む未来の地球人類だという点です。

パラレルワールドとは、今自分が体験している宇宙と微妙に（あるいはかなり）違う宇宙が、無数に存在しているとする考え方です。それぞれに周波数が異なり、異なる可能性を表しています。

人はそれぞれ、自分の持つ周波数に応じた宇宙を体験しています。

そういう中には、この地球人類とはまったく異なる現実世界に生きる地球人類もいます。

グレイたちの住む地球では、極度な科学技術偏重に陥り、自然環境が破壊されてしまいました。そのため、地表に住めなくなり、地下での生活を余儀なくされました。

彼らは遺伝子技術にもたけていたので、それによって生き残ろうとしました。そういう世界に住んだ末の人類がグレイです。ある意味、ゼータ・レチクル人と瓜ふたつです。

グレイたちは生き残るためには健全な人類の遺伝子が必要だと気づき、パラレルワールドにある私たちの地球へやって来て、人類を誘拐しているのです。

つまり、グレイによる誘拐事件も、恐怖心というフィルターを通して経験するために、恐ろしい出来事と受け止められてしまうのです。

過去の遭遇体験の記憶をよみがえらせる

生まれてからこれまでのＥＴ／ＵＦＯとの遭遇体験を思い出す方法のひとつとして、退行催眠がよく知られています。催眠状態で時間をさかのぼり、これまでにET／UFOとの遭遇がないか調べるのです。

ヘミシンクを聴くことで時間の束縛を離れ、時間をさかのぼることも可能です。アクアヴィジョン・アカデミーで行なうETコンタクト・コースでは、そのための30分ほどのヘミシンク・セッションを一本行ないます。

これまでにこのコースに参加された多くの方が、実際に遭遇体験を思い出されています。その内容については別の本に譲るとして、ここでは私自身がこのセッションを受けたときの体験を紹介します。

思い出した子供のときの遭遇体験

顕在意識的には、子供時代にそういう体験の記憶はまったくなかったので、体験しているのかどうか大変興味がありました。

ヘミシンクで時空を超えた状態に入った段階で、次の情報をガイドから受け取りました。ここでいうガイドとは、自分を導く、肉体をもたない存在で、各自に複数います。一般的に守護霊とか指導霊と呼ばれる存在と同じと考えていいでしょう。

このガイドに質問して答えをもらうという形で、さまざまな情報を得ることができます。


——これまでにETと遭遇したことはありますか？

「はい、何度もあります。最初の体験は小学校の低学年のころ、北海道の千歳にいたときです。林の中で友だちと遊んでいたときのこと。友だちは見ていませんが、あなたは光り輝く楕円体を見ています。これは私たちの宇宙船です」

——プレアデスの宇宙船ですか？

「そうです。あなたはこの体験を顕在意識では覚えていませんが、潜在意識で覚えています。あなたは『あれは何だろうか？』という感じで見ていました」

——どうしてこういう体験をしたのですか？

「あなたに思い出させるためです。自分がどこから来たかを。それが今回の人生で必要になるからです。あなたは光り輝く物体からの光を、眉間のあたりで受けていました。それがあなたに気づきを促すのです」

——そうだったんですか。

「あなたは高校のころ『謎の円盤ＵＦＯ』というテレビ番組が大好きでした。そのひとつのエピソードで、車が道を走っていくと、上空をＵＦＯが追いかけてくるシーンがありました。木々を通してＵＦＯが見える光景に興味を抱きませんでしたか？」

――はい。今でもよく覚えていますが、なぜかとても気になりました。

「あれは、子供のときの体験を潜在意識で覚えていたからです」

――そういうことだったんですね。

「中学生のときには『インベーダー』というアメリカのＳＦテレビ番組に興味をひかれましたよね」

――はい、かなりハマってしまい、高校、大学と再放送のたびに見ていました。あの番組に出てくる宇宙船を紙で作って写真を撮ったりしていました。

「それだけ興味を持ったのも、子供時代に宇宙船に遭遇していたからです。実はこういうことに興味を持つ多くの人が、子供時代に宇宙船との遭遇体験をしているのです。本人は覚えていないことがほとんどですが」

――知りませんでした。それでは、次に見たのはいつですか？

「その後も何度か遭遇していますが、大学時代に北海道に行ったときのことを覚えていますか？」

——はい。友だちとふたりで2週間ほど旅行しました。

「林の中のちょっと開けたところで、友人と灰皿を投げてＵＦＯの写真を撮っていましたよね」

——はい。アルミ製の灰皿がちょうどＵＦＯのような形をしているので、わざわざ持って行って、空に投げて写真を撮っていました。

「実はあのとき、一瞬時間が止まり、あなたは私たちの宇宙船を見ているのです。光り輝く楕円体で、子供のときよりも、もう少し宇宙船の形として見ています。これも顕在意識では覚えていませんが」

——そうだったんですか。まったく覚えてませんね。それじゃ、ＵＦＯに乗った体験はしてますか？

「はい。中学から高校にかけて、学校への行き帰りに、ときどき想像してましたよね。小型の宇宙船に乗って上昇して、そのまま上空を移動していくということを」

——はい。けっこうリアルに想像して、その気になってました。

「あれは、実は夢の中で同じような体験をしているのです。夢の中で体外離脱をして我々の小型宇宙船に乗り、空を飛んで、上空から町を見たり、宇宙空間へ行ったりしてました」

——そうだったんですか。それは知りませんでした。またやってみたいですね。

「はい、これから夢の中でやるようになります。夢の中で目が覚めるようにします」

——うわー、それは楽しみですね！


私自身は、こんなに何度も宇宙船を見たり、実際に搭乗したりしていたとは、考えてもいなかったので、ちょっと驚きました。これらはすべて潜在意識や無意識に隠されていて、顕在意識としては覚えていませんでした。

プレアデスA*

ところで、私には何名かのガイドがいますが、今回会話をしたのはプレアデス人の男性のガイドです。プレアデスA*（エイ・スターと読みます）と勝手に名付けています。

私は地球に来る前にプレアデス星団に一時期いました。その前にはオリオン座のいくつもの星や、はくちょう座のデネブなどで、何度も生きています。

プレアデス星団にいたときに、私の面倒見役だったのが、このプレアデスA*です。姿はめったに現しませんが、青い渦として知覚されることがあります。

ガイドとしてはこれまであまり前面に出てこなかったのですが、最近になり、私がETコンタクトのセミナーを開催するようになってから、前に出てくるようになりました。

このガイドによると、今、時代が大きく変化し始めていて、今後、ETやUFOとの遭遇が頻発するようになってくるとのこと。そのため、私の役割が変わってきたと。

これまでは、どちらかというと、死後世界のことを世の人に知ってもらうことが中心だったのが、これからは、宇宙人との出会いがスムーズに起きるようにすることがメインになるとのことです。

ETコンタクト・コース

私と同じように、ヘミシンクを聴くことでET／UFOとの遭遇体験を思い出したり、あるいは、ガイドから教えてもらうことが可能です。

後で詳しくお話ししますが、私の会社であるアクアヴィジョン・アカデミーでは、その

ための セミナーとして「ETコンタクト・コース」を随時開催しています。ヘミシンクを初めて聴く人でも参加できますので、興味のある方はぜひ参加してみてください。

詳しくは、アクアヴィジョン・アカデミーのウェブサイト、www.aqu-aca.com をご覧いただければ幸いです。

第3部

モンロー研究所でのETコンタクト

第1章　モンロー研におけるヘミシンク体験プログラム

この章ではモンロー研究所で行なわれている先駆け的なプログラムについて紹介します。ヘミシンクを使うことで、多くの人がすでにETとコンタクトしています。ただし、まだ物質世界ではなく、少し次元の異なる世界でのことです。

ヘミシンクは変性意識状態へ導くための非常に優れた、かつ安全な方法です。過去40年以上にわたって多くの人によって活用され、その有効性と安全性が実証されています。

モンロー研究所では、ヘミシンクを体験するための各種のセミナー（モンロー研ではプログラムと呼ばれます）が開発されています。モンロー研究所やその他の施設に宿泊して、それを体験することができます。

これらのプログラムにはそれぞれ目的がありますが、すべてアセンションのためのプログラムと言えます。すべてのプログラムに共通する究極の目的は次のことがらです。

①時間と空間を超えて知覚を広げ、時間と空間を超えて存在する多くの自分を知ること
②自分の内面にあるさまざまな囚われと、制限するような信念や恐れを解放し、より自由な存在になること
③それらによって真実の自己の輝きを取り戻すこと、つまり第4密度へ上がること

こういう目的を持っているので、ＥＴとの遭遇は、プログラムを体験していく過程のどこかで必然的に起きてきます。

日本では次の宿泊型プログラムがアクアヴィジョン・アカデミーにより開催されています。それぞれのプログラムについて説明しましょう。

•ゲートウェイ・ヴォエッジ（略称ＧＶ）

ヘミシンクの入門。フォーカス10、12、15、21と呼ばれる状態を順に体験します。

フォーカス・レベルというのはモンロー研で使われる言葉で、異なる意識状態を表す指標です。フォーカス12で知覚が肉体を超えて広がり、さらにフォーカス15で時間を超え、フォーカス21でこちら（物質世界）とあちら（非物質世界）の境界領域を体験します。

•ライフライン（ＬＬ）

死後世界（フォーカス23から27）を体験します。死後、不自由な状態（フォーカス23から26）に囚われている人を、より自由な状態（フォーカス27）へと導く活動もします。

•ガイドラインズ（ＧＬ）

自分の内面のヘルパー（ガイド）とのつながりを強化し、日々の生活の中で、より自信を持ってガイドとコミュニケーションができるようになります。

•エクスプロレーション27（Ｘ27）

死後世界の中のフォーカス27と呼ばれる領域を詳細に探索し、人はどういう過程を経て生まれ変わるのかを知ります。また、地球のまわりにある物質次元とは異なる非物質次元の宇宙空間（フォーカス34／35）でＥＴたちと交流します。さらに、地球の中心核（コア）で地球を維持運営する知的存在と交流します。

・スターラインズ（ＳＬ）

フォーカス34／35でＥＴたちと交流するだけでなく、フォーカス42でプレアデス星団やシリウスなど地球外のさまざまな星を訪れ、そこの生命体たちと交流します。フォーカス49では銀河系外の銀河を訪れ、そこの生命体たちと交流します。その結果として、自分をより大きな存在として知るということも可能です。

さらに、銀河系コアにあるスターゲイトを超えて、フォーカス49より高いレベルを探索します。また、地球コアと銀河系コアを結ぶエネルギーの道筋を広げます。

・スターラインズⅡ（ＳＬⅡ）

スターラインズと同じフォーカス・レベル、同様の領域を探索しますが、アセンションという観点に重点を置いた探索が中心になります。

・スターラインズ・リユニオン（ＳＬＲ、２０１７年5月に初めて開催）

ＥＴやその宇宙船と、物質世界でのコンタクトを試みます。

これらのプログラムは、ＧＶから順に受けていくように作られています。ただし、ＬＬとＧＬは、そのいずれかを受ければ、次のＸ27を受講することができます。

第2章　ヘミシンクでのETコンタクト

前章で述べたように、モンロー研のプログラムは、その目的と知覚を開いてゆくという方法論の特徴から、ＥＴとの遭遇はいつでも起こりえます。また、ガイドとつながり交信するということが起こってきますが、ガイドの内の何人かがＥＴの場合もあります（そう気がつかないことも多いですが）。

その過程で、通常のＥＴたちよりも、さらに高次の存在とつながるようになります。

彼らはさまざまな文化、文明で神的存在として崇められてきたような存在だったり、特定の概念（愛や慈悲、英知、正義、喜び、美、神性、命、純粋さ、男性性、女性性、陰、陽）を象徴する存在だったりします。

たとえば、私はディアナ（古代ローマの月の女神）という女性的な存在とつながるようになりましたが、彼女は慈悲と浄化を象徴する女性的な存在です。世界のさまざまな地域で女神として祀られています。たとえば、仏教の観音菩薩とか、ヒンドゥー教のサラヴァスティ、ゾロアスター教のアナーヒータ（ハラフワティ）、古代エジプト神話のイシス、日本の瀬織津姫なども同じ存在です。

モンロー研のプログラムの内、地球のまわりの非物質次元にある宇宙空間でＥＴと会う機会があるのは、Ｘ27以降の４つのプログラムです。

Ｘ27、ＳＬ、ＳＬⅡは日本ではそれぞれ２００７年、２００８年、２００９年に初めて開催され、それ以降、毎年最低1回は開催されています。これまでに延べ５００名以上の方が参加されています。

本国アメリカでは、それぞれ１９９５年、２００３年、２００８年に第1回が行なわれ、毎年複数回、開催されています。参加延べ人数は、おそらく数千人に達すると思われます。

数千人と聞くと相当な数と思われますが、人類全体の中ではまだまだ少数派です。そのため、プログラムの参加者は、本人の意思にかかわらず、ＥＴたちから人類を代表する者と見なされるようです。

地球のまわりの非物質次元にある宇宙空間には巨大な宇宙ステーションもあり、多くのＥＴの宇宙船がそこにドッキングしています。

この宇宙ステーションはパイプ状の構造物が格子状に組み合わさったように見られる部分と、ドーナッツ状の部分とがあるようです。

これまでにプログラムの参加者は、実に多種多様なＥＴに遭遇しています。私が遭遇した中で、ちょっと変り種をひとり紹介しましょう。以下、体験談から載せます。

巨大な宇宙ステーションを眼下に見ていると、誰かに（何かに？）左手の方へ引っぱられていく。何か伝えたいことがあるようだ。

「あなたはめったにここまで来ないし、こういうふうに交信できることもあまりないので、この機会をぜひ使いたいんだ」

どんどんと左手へ移動していく。どうもワープのような航法を使うのだろうか。

どこかの天体のところへ来て、止まった。ここが彼らのホームのようだ。

「ここはシリウスＢのそば。重力が強いので空間がゆがんでいる。その中に住んでいる」

（シリウスは実はＡとＢから成る連星で、明るいシリウスＡのすぐ隣に、非常に暗い白色矮星のシリウスＢがある）

白い壁でできた、曲がったロート状の中へ入っていく。さざえの中へ入っていくような感じだ。

赤い液体が白い壁を濡らしている。ロートの底をその赤い液体が満たしている。なにかセクシーな感じがする。

「生命エネルギーの表出だから、そういうとらえ方も、あながち間違いではないよ」

どういう生命体なんだろうか。

「こういうふうな形に生命エネルギーを表現して生きているんだ。これが喜びなんだ。非物質だけど、この強い重力の中に住んでいる」

「子供を生んだりするんだろうか」

「しないよ。死ぬということもないんだ」

視界が変わって、暗い青い海の底のようなところが見えてきた。

「ここは我々のいるところのそばの天体だけど、ここには物質的な生命もいるよ。ここは海のようなところだ。水じゃないけどね」

硫酸銅なのだろうか。

「その手の液体だ。強い重力でも液体でいられる」

なにか球状の生物がいる。白っぽい触手が何本もまわりに伸びている。ほかにもたくさん生物が見える。みな触手を伸ばしている。

「こういう生物は意識の発展段階がまだ低いんだよ。地球の海にいるのと同じ程度だよ。我々は天体にいるというよりも、曲がった空間内にいるんだ。ずっとそうしてたんだけど、あるとき、ある個体が、パイプをずっとたどっていったんだ。そうしたら、地球へきたってわけだ。あの宇宙ステーションへ」

いっしょに地球の方へ戻っていく。

「初めはびっくりしたね。状況が飲み込めて慣れるまで、だいぶ時間がかかったよ。この宇宙ステーションには学習するための場があるんだ。先生もたくさんいて、いろいろと教えてくれるんだよ」

この生命体の全身が見えてきた。イカのような白っぽい生物。

ところどころ赤色の部分がある。非物質なので、それほどはっきりとは外形は定まらないというか、把握できないが。

「男とか、女とかはあるの？」

「だいぶ昔はあったみたいだけど、今ではみな忘れてしまった。個体間にもテレパシーでの交信があるので、人間ほどには個別化してないんだ。私はあなたのＩＴクラスターのメンバーなんだ。あなたの分身と言ってもいいよ」

「そういえば、前にシリウスに来たときに見かけたことがあったね。イカのような形の生命体が宇宙空間を泳いでいたんだ。びっくりしたよ。そう言えば、トレーナーのミーさんがイカだったことがあったって言ってたな」

「そうだよ。ミーさんの分身もここにいるんだ」

宇宙ステーションの上空に着いた。

「じゃーね。またここまでおいでよ。他にもいろいろなメンバーに会えるよ。みなここに来ているんだ。ここまでちょくちょく来たほうがいいよ。あなたはヘミシンクを使わなくたって、来れるんだからさ。じゃ、また」

巨大宇宙ステーション

地球のまわりの物質次元とは異なる宇宙空間に巨大な宇宙ステーションがありますが、次に、それについて説明してもらったときの体験記録を紹介します。

「宇宙ステーションは広大なのです。なにせ何十万もの生命体が居住するための空間を用意する必要があるので。

今回はあなたにこの宇宙ステーションについて紹介することになっています。

ここでは地球と人類についてあらゆることを学ぶことができます。初めのころは宇宙船それぞれがそれぞれのやり方で地球と人類について学んでいたのですが、それでは非効率だということで、この宇宙ステーションが作られて、ある程度共通化した形で学べるようになりました。

ただ、ここに来る生命体には多くのバリエーションがありますので、すべてに対応できているわけではありません。大部分の存在が理解できるような形にしています。

多くの生命体は、今現在の人類の状況に興味を持っていますので、それぞれの地域や国の政治、文化、言語について学ぶような場があります。

さらには、それぞれの歴史や全体の歴史を学ぶ場もあります。

イスラム、キリスト、仏教など宗教についても学べます。

もちろんそれは今の人類の歴史です。

人類がどのように生み出されたのか、どういう宇宙人が関与したのか、その前のアトランティスやムーの時代の歴史はどうなのかについても学べます。さらに、地球全体の歴史を学ぶこともできます。

人類の歴史について詳細に知りたいという生命体もいますので、そのために、ピンポイントでその時代へ行く施設もあります。フォーカス15を利用した施設です。

あなたは神武天皇の時代に興味を持っていましたね。試してみますか」

——はい。

「情報は言葉でほしいですか、映像でほしいですか？」

——両方で。

「はい。この時代の伊都国（いとこく）へ行きましょう。西暦２４８年です。卑弥呼が亡くなったという情報が伝わってきました。神武の祖父や父の代です。彼らは大和の地へ乗り込んでいきました。それにより内乱が起こりました。そして、トヨが選ばれます。その後、軍を引き上げました」

——伊都国に女王がいたのはいつごろですか？

「彼女は紀元１５０年ごろに死にました」

——そうですか。

「しばらくして神武の代になると、大和へ攻め上り、邪馬台国を滅ぼします。その次の代やその次の代など何代かをまとめて崇神天皇としています。墓がいくつかあります。

このような歴史の詳細に興味をもつ生命体もいますが、全く興味をもたないものもいます。彼らの多くは日常生活に興味を持ちます。食事の場を先ほど見ましたが、その一環です。サラリーマンの生活とか、ごく普通の生活がとてもめずらしいのです。セックス（生殖）にも興味を持っています。彼らの多くはセックスと子作りを純粋に楽しみます。人間がどうして偏見を持っているのか興味を持っています」

ここで、食事の場を先ほど見たと言ってるのは、地球のまわりの非物質次元にある宇宙空間で、この少し前に以下の体験をしていたからです。

気がつくと、お皿を持って食べ物を選んでいる。他にも大勢の人がいる。カフェテリア内にいる。長いテーブルが何台かあり、その周りに多くの人？が座っている。

「え？　なぜこんなことをしてるのだろう？」

カフェテリアの一番端に大型の宇宙人が来た。身長は2メートルほど。頭がイカのようで、３つのとんがりがある（中央が一番高い）。体がエビのような丸みのある形（円筒）。色が青とオレンジだ。バルタン星人？

「そうか。ここは例の宇宙ステーション内なのだ」

窓を通して外の暗い宇宙空間が見える。白っぽい構造物が見える。

「そうです。ここで宇宙人たちが人間体験の疑似体験をしているのです。ここでは食べ物を食べるという体験をしています。もちろんそもそも食べるということをしていない生命体も多いので、この体験は彼らにとってチャレンジなのです。味覚という感覚がないものも大勢います。彼らがそれを理解するのは難しいです。多くの生命体は第4密度なので、食べるということをとうにやめてしまったものも多いのです」

「バシャールたちのように？」

「そうです」

「中には第3密度の生命体もいますが、彼らはあなたと同じようにアストラル体で来ています」

「あなたはだれですか？　ガイドではないようですが。言葉が少しなめらかでない」

「はい。今回あなたの案内をすることになった生命体です。地球の言葉を学んでいます。あなたは非言語的な交信もできるので、情報を一部は非言語的にも伝えています。

この宇宙ステーション内には人間の言語を学ぶための施設もあります。そもそも言語を必要としていない生命体も多いので、言語を学ぶのは難しさがあります。また場合によっては、自分たちの中に、地上の物の概念がないものもたくさんあり、それを理解するのがまた一苦労です。また発音も難しい。発音器官が発達していない生命体も多い」

「あなたの姿を見せてもらえますか？」

「いいですよ」

目の前に何かが現れる。ラクダのような顔の印象がある。薄茶色の毛がカールしていて、かわいらしい目をしている。テリー犬のような、それをもっと大きくしたような生命体だ。

以上から、巨大な宇宙ステーションの目的は、次のようにまとめることができます。

①ＥＴが地球と人類を理解するための施設

・人類に特有の知覚の仕方（感情、味覚など）、考え方、交信の仕方（言語など）を理解する。

・生活全般を体験的に知る。食事、生殖、仕事、経済活動など。

・それぞれの国や地域の文化、芸術、政治、経済、歴史、宗教を知る。

②人類がさまざまなＥＴについて理解するための施設

③人類がＥＴと交流するための施設

今のところ、ここまで来られる人類はまだ少数のみです。そのため、②と③としての活用は、まだ始まったばかりと言えます。

後でお話ししますが、アクアヴィジョン・アカデミーのＥＴコンタクト・コースでは、この宇宙ステーションでＥＴと会い、交流するということを試みます。

第3章　他の天体にいる生命体

スターラインズ（ＳＬ）とスターラインズⅡ（ＳＬⅡ）では、地球のまわりの非物質次元の宇宙空間でＥＴと会うだけでなく、地球を離れ、多くの星や銀河を訪れ、さまざまな生命系に住む生命体に会う機会があります。

具体的な訪問先としては、ケンタウルス座アルファ、シリウス、プレアデス星団、アークトゥルス、オリオン座の星々（リゲルやミンタカなど）が設定されています。

その他、こと座ヴェガ、はくちょう座デネブ、おうし座アルデバラン、ぎょしゃ座カペラなど、自分が興味を持つところへ行ってもかまいません。興味を持つということは、何らかのつながりがあるからです。

生命系のある多くの星は、地球から見て暗い星で、名前がありません。太陽も１００光年も離れれば、肉眼では見えない星になります。そのため、名前のない暗い星に連れていかれることもよくあります。

さらに、銀河系内のその他の領域や、銀河系外の数多くの銀河、たとえばアンドロメダ銀河（Ｍ31）やソンブレロ銀河（Ｍ104）、おおぐま座Ｍ81、おとめ座超銀河団の中心にあるＭ87なども訪問します。

それこそ無限に近い数の生命系があるわけですが、ＳＬやＳＬⅡでは、その中の自分に関連の深い生命系にガイドたちによって導かれることが多いようです。特に、自分が過去にいたことがある生命系やＩＴクラスターのメンバーがいる生命系に導かれていきます。

ＳＬやＳＬⅡでの探索を通してわかってきたのですが、私は地球に来る直前はプレアデス星団にいました。その前にはオリオン座の星々やはくちょう座デネブなど多くの生命系を渡り歩いています。ガイドによると、私はオリオン座の方向にある５００個ほどの星で輪廻してきたそうです。

それでは、太陽の近傍にある生命系について、ＳＬやＳＬⅡでの探索によってわかってきたことを紹介したいと思います。ただし、あくまで私が得た情報が主ですので、間違っている可能性もあります。

◇ケンタウルス座アルファ

太陽系から一番近いところにある恒星系がケンタウルス座アルファで、4・3光年の距離にあります。リギルと呼ばれることもあります。

太陽によく似たふたつの星AとBから成る二重星です。互いの距離は、太陽－土星間から太陽－冥王星間まで変動します。

ケンタウルス座アルファから太陽の方に0・2光年のところに、プロキシマ・ケンタウリという暗い星がありますが、これが太陽からもっとも近い恒星です。この星はケンタウルス座アルファと重力で結びついていると考えられているので、ケンタウルス座アルファは三重連星と見なされることもあります。

私はこれまでケンタウルス座アルファを20回ほど訪れたことがあります。この星系に住む生命体について、これまでにわかってきたことをまとめます。

ケンタウルス座アルファには安定軌道をとるいくつかの惑星があり、第2密度から第5密度までの生命体が住んでいます。

第2密度の生命体は海の中に住む魚のような生物です。

第3密度の生命体は人類とよく似ています。物質文明として、科学技術的には人類より1万年ほど進んでいます。高度にハイテク化が進んでいます。地球と同じくらいの大きさの惑星で、人口は5億人。人類の中には、こちらと地球の両方を渡り歩いているものもいます。今は第3密度ですが、第4密度へ移行中。

第4密度の星は、ほぼ第4密度の最後の段階にいます。

第5密度の生命体は非物質。ちょうど太陽系でも、第5密度の生命体が金星に住むように、その惑星の特性が第5密度を維持しやすいとのこと。

◇シリウス

おおいぬ座アルファ。地球から8・6光年の距離にあり、太陽を除けば全天で一番明るい星です。

シリウスにはいくつも惑星があり、さまざまな生命体が住んでいます。ただし、バシャールによれば、アヌンナキを元にする人類型はいないとのことです。

龍型の生命体や、イルカのような水生の生命体がいます。イカのような形の生物もいます。また、古代シュメール人に文化を教えたオアンネスという水陸両生型の生命体も、シリウスの惑星から来ています。

シリウスは、この宇宙の出入り口（ポータル）になっているので、そこを経由してやってくる生命体も数多くいます。なので、ひと言でシリウス系の生命体といっても、その惑星に住んでいるものもいれば、そこを経由して来たものもいます。

地球上空の、物質次元とは異なる次元の宇宙空間には、龍型シリウス生命体の宇宙船が待機しています。これは細長い、葉巻のような形をしています。

◇アークトゥルス

うしかい座アルファ。地球から37光年の距離にある非常に大きな赤い星です。

ここには、第5密度の非物質の生命体がいます。特に形はありません。自在に姿を変えて現れることもできるので、人の姿をとって現れることもあります。

バシャールによれば、人類の発展に大きな影響を与えています。日常生活での愛情体験を通して、気付きを得て、発展することを教えているとのことです。

モンロー研のフランシーンは、主にアークトゥルスの生命体からガイダンスを得ているとのことです。彼らの宇宙船は普段は物質次元にはいないのですが、物質界へ姿を現すことは可能かと尋ねると、可能とのことで、ある晩、光り輝く物体として姿を現してくれたそうです。

◇プレアデス星団

おうし座にある星団です。地球から４４０光年の距離にある青白い星の集団で、比較的若い（1億歳ほど）星からできています。これだけ若いと、ここで生命が発達する時間がありません。他のところで発達したものが、ここへ移ってきています。

ここもポータルで、宇宙のさまざまな次元、場所から多くの生命体がやってきています。そのため、人類とは全く関係ない生命体も大勢います。

人類と関連するのは、その中のごく一部、1割程度です。その部分が人類と深い関係があるので、プレアデス人というと、みな人類と関連していると思われがちですが、そうではない生命体が9割を占めるのです。

生命体は、物質的なものも、非物質的なものも、非・非物質的なものもいます。

プレアデス星団の中で一番明るいアルシオネという星の第3惑星に、第4密度の人類型の生命体がいます。私の未来世であるサディーナという女性がここに住んでいます。

他にも多くの生命系があり、第5密度の非物質の生命体や、さらに第6密度の生命体もいます。

ここには、人の想像をはるかに超えるような生命体や、高度に進んだ技術があります。

地球上空の非物質次元の宇宙空間にはプレアデスの母船がいます。この宇宙船は非常に細長く、たぶん数キロはあるような印象を受けます。この中には、プレアデス星団のさまざまな生命系を代表する生命体たちが乗っています。

私は地球に来る前にプレアデス星団にいました。そこでエネルギーの渦として仲間たちと遊んでいました。そのことを知ったのは、2006年にSLでプレアデス星団を訪れたときのことです。このとき、次のような体験をしました。

プレアデス星団に着いた。知的生命体に会いたいと思う。

すると、目の前に渦が現れた。白い線と青い線からできた渦。

それが回転している。（※巻頭のカラー口絵①を参照）

ひとつではない。ふたつみっつ現れた。なぜか彼らに親しみを感じる。はるかな昔に別れた父親という印象を受けた。

「私はここから来たのか」

そう尋ねてみた。

「そうだ。ボブ（モンローのこと）がＫＴ－95と呼んだのはここのことだ。彼が抜けた穴を見せよう」

ひまわりの花のようなものがいくつも並んでいる。いくつか抜けたところがある。これが彼が抜けて、残していった穴か。

「ボブが抜けた後、うわさが広まって、ついていったのが何人かいる。そのひとりがあなただ」

モンローの著作にはＫＴ－95と呼ばれる天体が出て来ます。『究極の旅』（日本教文社）

によれば、そこは太陽系外にある、モンローの原初の故郷です。

具体的にどこを指すのかについては一切書かれていませんが、そこはエネルギーの渦たちが輪を描きながらスキップして、いつまでも遊んでいるところです。

実は、モンローはそこでの暮らしに飽きてしまい、団体ツアーの一員として地球を見学に来ました。そして、一度だけ人間を体験するつもりが、人間体験にはまってしまい、地球で輪廻するようになってしまったのです。

KT－95からモンローといっしょにツアーで地球を訪れた仲間に、「BB」とモンローが呼ぶ非物質の生命体がいます。

先にも紹介した『魂の体外旅行』の302ページに書かれているのですが、BBがKT－95に戻ったら、モンローの抜けた穴があったそうです。

私はこの一節を覚えていたので、モンローの抜けた穴を見せられたときに、プレアデス星団がKT－95だという証拠を示されたような気がしました。

ところで、プレアデス星団で私を出迎えた生命体（白い線と青い線からできた回転する渦）とは、その後ほとんど交流がありませんでした。それが、2016年10月に第1回のETコンタクト・コースを東京で開催したとき、あるセッションで男性の声がして、「これからは私が交信相手になる」と聞こえました。すぐにあの渦のことが思い出されました。

この存在については既述しましたが、実は、その年の5月にモンロー研のプログラムＧＬを日本で初めて開催したときにも、この存在が出てきていました。

名前はどうでもいいのですが、プレアデスA*（エイ・スター）と名づけることにしました。

今後はＥＴがらみのワークが増えてくるので、この存在がメインのガイドとして導いてくれるようです。

◇エリダヌス座イプシロン

地球から10光年にある、太陽よりも少し小さな星です。

翼のある龍、つまり翼竜の姿をした生命体が住んでいます。私は過去世のひとつでここで生きていました。

この生命体は鳥のような生き物で、地球上の鳥のような進化をたどってきました。

そして文明が発展し、宇宙へも出て行きました。非常に特殊な合成繊維でできた飛行服を発明し、それをまとうことで、真空の宇宙空間でも空気中で飛ぶのと同じ感覚で飛ぶことができるようになりました。

もちろん羽を動かしても、その力で飛ぶわけではありません。動力はまったく別のものを使います。ただ、彼らは空中での飛行に慣れていたので、同じ感覚で宇宙空間も飛べる技術を開発したのです。

この星での過去世を追体験したことがあります。それについては拙著『覚醒への旅路』（ハート出版／以下同）に載せています。

◇オリオン座の星々

リゲル（オリオン座ベータ）やミンタカ（三ツ星のひとつ）をはじめ、多くの名もない星に人類型がいます。あるいは、いました。過去に起こった「オリオン大戦」という星間戦争の結果として破壊されてしまった惑星もあります。

オリオン大戦について興味のある方は、拙著『ピラミッド体験』（ハート出版／以下同）や、前出のリサ・ロイヤルのチャネルした情報を元に書かれた『プリズム・オブ・リラ』をご覧ください。

今では多くの星が平和を取り戻しています。

オリオン大戦のさなかに地球へ逃げてきた人も多くいます。それを追っかけて来た人もいて、両方ともそのことをすっかり忘れて地球で輪廻しています。

２００９年に屋久島を訪れた時に、その非物質次元に隠れ住む高次の生命体たちと交信しました。その内容については『屋久島でヘミシンク』（アメーバブックス新社）に書きましたが、オリオン大戦から逃れてきて、屋久島に隠れているとのことでした。

彼らはある星で王族だったのですが、息子がネガティブ側に堕ち、皇帝となったそうです。オリオン大戦では映画『スター・ウォーズ』さながらの一大ドラマがあったようです。

前にお話しした通り、私はオリオン座の５００個ほどの星で輪廻しています。そのひとつ、リゲルのテンペリオンという惑星での過去世について追体験したことがあります。それについても拙著『覚醒への旅路』に載せています。

◇銀河系内にあるアヌンナキの他の植民地

これも前にお話ししましたが、太陽近傍にいる人類型の元になったのは、アヌンナキという生命体だったということです。実は、アヌンナキは太陽近傍だけでなく、他の領域にも入植して人類型を創ったようです。以下に、この情報をもらったときの記録を体験録から載せます。

オリオン座の星々の探索をするエクササイズでのこと。暗い宇宙空間に小さな星が無数に見える。何をしようか迷っていると、ガイドが話しかけてきた。

「面白いところへ行きましょう。ＰＯＤ（小型宇宙船）に乗ってください」

ヴォイジャー8号（ＳＬとＳＬⅡで参加者が利用する宇宙船）の外へ出る。宇宙空間を移動してゆく。

「アヌンナキは地球近傍のオリオンのあたりだけでなく、銀河系内のあちこちに実験場を設けて、住み着いたんですよ。人類型と龍型です。今回行くのは人類型ですが、地球とは少し違う生命系をお見せしましょう。銀河系のコア（中心核）の反対側にあります」

左手に銀河系のバルジ（中央部のふくらみ）を見ながら、太陽系から銀河系の中心までの距離を保ちながら回っていく。

「中心部は星がたくさんあるので、つっきるのは大変なんです」

木星のような球体がいくつも見える。さらに進んでいく。

「はい、着きました。惑星の大気圏へ入りましょう」

「ここは人類型が住んでいるのですが、地球とはまったく異なる形での生き方を選びました。ここでは惑星との一体感がとても強いのです。映画『アバター』の世界と似た世界です。惑星と意識が常につながって生きています。

彼らは自分の惑星を母として把握しているのです。実際、母なる惑星からすべての滋養、栄養を得ています。もちろん人類ですから、我々と同じように生殖、出産をするのですが、惑星は彼らにとって母なのです。

この惑星の表面は大きな木々で覆われています。彼らはこの木の中に住んでいて、木からさまざまな栄養をとっています。雨が降ったりしますが、それもこの木によって覆われているので、それほど影響を受けません。

技術的にはかなりローテクです。彼らは母なる大地と常に交信し、常に愛されていますので、幸せそのものです。ケンカや争いごとはありません。まして戦争なんてありません。地球人にとっては理想のような世界です。

家族は一緒に住んでいます。親戚も近くに住んでいます。年老いて死ぬと大地に戻ります。彼らのフォーカス27（死後世界の中の輪廻転生の準備をするための場）は惑星内にあり、そこで亡くなった人は再生して生まれ変わってきます。

こういったことを知っていますので、死の恐れはありません。

彼らは惑星と交信していますので、死んだ後のことも知っているのです。互いのテレパシーでの交信も若干あります。

彼らは物質的な欲求は非常に少ないです。というのは、欠乏しないからです。必要なものはすべて大地から木々が提供してくれます。

すごく幸せな世界に見えますが、唯一の問題は、ここから先への意識の進化が得られないことです。ここは第3密度と第4密度の間ぐらいの状態ですが、それ以上に上がる手だてがないのです。

なので、ここから地球へ生まれ変わる人もいます。地球はネガティブな面が強いですが、それは大きな学びの場でもあるのです。

もちろんこれから地球は変わっていきますので、これから先は、それほどネガティブではなくなりますが」

◇アンドロメダ銀河にある地球そっくり惑星

私のガイドによると、アヌンナキは銀河系内で数か所に植民しましたが、アンドロメダ銀河内でも３か所ほど、植民しているそうです。

そのひとつの星は地球に瓜ふたつで、人類とほぼ同じ生命体が住んでいます。文明の発展段階も、その内容も、ほとんど同じです。

その星には私の分身とも呼べる存在が住んでいます。最初に訪れたときは、まだ10代で、甘えん坊の男の子でした。郊外の林の中に立つ３階建ての立派な家に住んでいました。

その後訪れたときには、彼は25歳で、技術者になっていました。独身で親元に住んでいます。まだ甘えん坊とのことです。

不思議なことにアンドロメダ銀河に行くときは、毎回、下に向かって急降下していきます。なんで下へ向かうのかとガイドに聞くと、そっちの方向にあるからとのことでした。

モンローが『ロバート・モンロー「体外への旅」』（ハート出版）という本の中で、ローカルⅢという世界について書いています。ここは、宇宙のどこかにある地球そっくりな世界とのことです。

そこへは、体外離脱時に寝返りをうつと現れる、自分の真下にある穴を通って行きます。

その穴は、無限に続く宇宙空間へとつながっているとのことです。

おそらくそこは、アンドロメダ銀河にある地球そっくり惑星のことではないかと思います。

第４章　ＥＴの友人たち

モンロー研のプログラムでの体験を通して、私にはつながりの強いＥＴが何名かいることがわかってきました。以下に紹介します。

シリウス系の龍型生命体

奈良県の三輪山の頂上に長らく封印されていた龍の姿をした生命体です。シリウスから来た生命体とのことでした。詳しくは『ベールを脱いだ日本古代史』（ハート出版／以下同）に書きましたので、興味のある方はそちらをご覧いただくことにして、ここでは簡単に紹介します。

２０１０年ごろ、ある女性音楽家と知り合いになりました。彼女は巫女のように上からのメッセージを降ろすことができる人でした。その女性から三輪山に行ったほうがいいと言われ、２０１１年2月にふたりで三輪山に行ったのです。

すると、その頂上で龍との交信が始まりました。龍は私と出会うことでほっとし、封印が解けて、上へと帰っていきました。上空にはシリウスの宇宙船が待機していました。

そのときわかったのですが、この龍とは古代に親しく交流していたのです。私は当時、この地を治める族長であり、なおかつシャーマンのような存在でした。

その後、モンロー研のプログラムＳＬⅡで、この過去世の自分を追体験する機会がありました。私は時間を超えて、そのときの自分を体験しました。

時代は紀元前５６２年。私はひげもじゃで黒っぽい服をまとっていました。縄文人という印象です。他の20名ほどと共に三輪山の頂上で儀式をし、踊ることでトランス状態に入っていました。

すると、上空から龍が降りてきて、私は龍と共に上空へ舞い上がると、宇宙空間で待つ宇宙船へと入っていきました。その中では、他の龍たちと飲めや歌えのどんちゃん騒ぎです。浦島太郎の行った竜宮城とはここのことに違いないと思いました。

この龍は三輪山の頂上に住んでいて、それ以降もその土地の族長らと交流を続けたようです。三輪山の大物主（おおものぬし）という蛇神が『古事記』に出て来ますが、おそらくこの龍のことではないかと思っています。

この龍は三輪山の頂上に封印されていたわけですが、一体いつ誰によって何のために封印されたのかというと、『ベールを脱いだ日本古代史』に詳しく書きましたが、結論を言うと、第10代崇神天皇の時代（紀元3世紀末頃？）に、物部（もののべ）氏の祖・伊香色雄（いかがしこお）の霊力によって三輪山に封印されていたのです。

征服王朝である天皇家にとって、土着の信仰の対象であった蛇神・龍神は封印する必要があったのです。

哀れにもこの龍は、三輪山の頂上に１７００年もの間、封印されていました。

私は、モンロー研のプログラムＳＬで地球のまわりの非物質次元の宇宙空間に行った際に、大型の葉巻型宇宙船の中でこの龍に再会することができました。

この龍によれば、シリウスから来た生命体とのことです。この龍とは今でもときどきテレパシーで交信していますす。ふと空を見上げると、龍の形の雲があることがあるのですが、それはこの龍からのサインだったり、その地にいる他の龍からのサインということです。

浅川嘉富氏の『世界に散った龍蛇族よ！　この血統の下 その超潜在力を結集せよ』（ヒカルランド）に、ニュージーランドのワイタハ族と関連の深い、シリウスから来た多数の龍たちの封印を解く話が出て来ます。

三輪山で救出した龍によれば、このニュージーランドの龍は同じシリウス系で、親戚筋とのことです。世界各地にシリウス系の龍がいるそうです。どうもヨーロッパには、キリスト教によって封印されているものもいるそうです。

私や浅川さんがそうだったように、深い関係のある人が導かれていき、封印を解くのではないでしょうか。おそらく日本中で、そして世界中で、今さまざまな封印を解く作業が進行中のように思います。

日本では龍神だけでなく、瀬織津姫（せおりつひめ）という縄文時代から弥生時代を通して広く祀られていた女神がいるのですが、各地で封印されています。

その理由は、天照大神（あまてらすおおみかみ）という、本来は男神であるべき神を女神とし、さらに、天照大神を中心とする神話体系を構築してゆく上で、瀬織津姫は邪魔だったからです。

その辺について詳しくは、『ベールを脱いだ日本古代史』、『伊勢神宮に秘められた謎』、『出雲王朝の隠された秘密』（以上、すべてハート出版）をお読みいただければと思います。

プレアデス人サディーナ

前にもお話ししたように、サディーナは私の未来世で、女性です。プレアデス星団の中のアルシオネという星のそばにある惑星に住んでいます。人類型の第４密度の生命体で、すらっとした体型をしています。

本人に言わせると、顔つきは「アナと雪の女王」のエルサ女王をイメージすればいいとのこと。ただ、あそこまで目が大きくないそうです。

プレアデス人は人類型なので地球とある程度似た環境でないと住めません。彼らの惑星の酸素濃度や温度、重力は地球と同じ程度ということです。

プレアデス星団の星はみな青白い星なので、有害な紫外線成分が多量に含まれていますが、惑星の大気と人工の特殊な透明のドームによって有害な成分は吸収されています。

プレアデス星団内には多くの星があり、惑星の軌道は安定しないのではないかと尋ねると、隣りの星までそこまで近くないので、軌道は安定しているとのことです。アルシオネには他にもいくつも惑星があり、さまざまな密度、次元の生命系があります。

この惑星には海もあり、地球と似た動物や植物などさまざまな生命体が生きています。ドーム内にも植物は生えていますが、すべて彼らが選択した物のみが生育するようにしています。ドーム内の環境は100パーセント、コントロールされています。

食べ物はすべて人工的に作られます。地球における植物工場のようなイメージですが、動物性たんぱく質も作られています。彼らは動物性たんぱく質を摂取しますが、動物を殺す必要はありません。

私はここ何年か、サディーナと積極的に交信するようにと、ガイドたちから言われています。そうすることが、振動数を高め、第4密度へ上がる手助けになるからです。

特に言われているのが、もっとハートを使うということ。私は、ともすれば頭で考える方なので、「頭じゃなくてハートで感じろ！」と言われています。

サディーナたちは普段どういう生活をしているのかと尋ねると、次の答えが返ってきました。

「私たちは千年ぐらい生きます。まず、生まれてすぐは、ここの環境に慣れることを学びます。ここは地球のような3次元空間ではありません。もっと多次元ですので、それに慣れる必要があります。時間がもっと柔軟で、同時にいろいろなことができます。

小さいころには学校のような教育の場に行きます。その後は、あなたのような他の生命体たちが発展できるように手助けをします。何人も同時並行で手助けします」

他の機会にもらったメッセージも、以下に紹介します。第4密度へ上がるために何が必要なのか、ヒントが満載されています。

•あなたに一番分かってもらいたいのは、この星の人たちはみな愛情豊かで、ワクワクしながら生きていること。常に喜びに包まれながら生きていることです。みな創造することを楽しんでいます。

•本当の自分の持つ純粋なエネルギーにつながった時のことを覚えていますか？　私たちはあのエネルギーに常につながっているのです。喜びと躍動感にあふれ、ワクワクし、愛情で満たされています。そしてものすごくパワフルです。創造のエネルギーを表現しようとしています。

•創造の源（みなもと）とのつながりをあなたも早く取り戻してください。それにはハートでつながる必要があります。ハートを使う練習が必要です。

・創造の源とつながると、ハートを取り囲んでいた殻がパッと割れるような体験をします。いずれそういう体験をする時が来ますから、楽しみにしていてください。

・ここでは自分の純粋なエネルギーをストレートに表現することが大切。それは喜びであり、ワクワク感。創造性。あなたも、それを試みるといいでしょう。つまり、自分の本来持っている純白なエネルギー（喜び、ワクワク感、好奇心、創造性）を表現してみるのです。それを抑えるような信念があれば、それが何か調べてみましょう。たとえば、大声で笑うことをいやだなと感じるなら、それはなぜか、その裏にある信念は何かと考えます。

・自分の純白なエネルギーを、日々の生活の中で表現するように。ワクワクすることをしましょう。純白のエネルギーは、喜び、愛情、創造性。

・ハートのあたりが内部から外へ出ようとする力を感じること。内部の真実の自分が外側へ出ようとしている感じ。卵の殻が割れて中からヒナが生まれるときのような感じです。自分を制限しているあらゆる信念が殻に相当します。それを打ち破って出ようとするのです。

ちなみに、この最後のメッセージは、バシャールが「覚醒するのに必要なのは外からのエネルギーではなく、自分のエネルギーだ」と言っていたのと符合します。

バシャール

バシャールはダリル・アンカがチャネルする地球外生命体です。オリオン座の方向にあるエササニという星に住む第４密度の生命体です。

地球人類と、グレイという人類型ＥＴの混血（ハイブリッド）の子孫です。

ダリル・アンカがチャネルするのは、３０００年後の未来に生きている彼自身の未来世ということです。

私は２００８年11月に、出版社ＶＯＩＣＥのアレンジでダリル・アンカのチャネリング・セッションを３日にわたって受けたことがあります。その内容は『バシャール×坂本政道』という本になりました。

そのセッションの際に、ダリル・アンカのすぐ隣に座っていたのですが、ダリルに降りてくるエネルギーが強烈で、私にもかなり入ってきた感じがしました。その結果、私自身もバシャールとつながれるようになりました。ダリルのようなチャネリングをするわけではありませんが、バシャールにつながり交信することができるようになったのです。

私がバシャールにつながるやり方は、ダリルがチャネルするときの話し方や雰囲気を思い出し、心の中でダリル／バシャールと会話するのです。

呼び水として、お決まりの会話をして、次第に本当の会話に入っていきます。最後に何か証拠となるようなことを聞いて、後で確認します。バシャールとの交信の仕方については、詳しくは拙著『あなたもバシャールと交信できる』（ハート出版）をご覧ください。

バシャールは、今では私のガイドのひとりになっています。

第4部　ＥＴコンタクトのこれから

第1章　夢の中でのETとのコンタクトが増えていく

もうすでに始まっているのですが、夢の中でＵＦＯを見たり、ＵＦＯに搭乗してＥＴと会ったりする人が今後、増えていくでしょう。

正確に言うと、そういう体験はこれまでもあったわけですが、それをほとんどの人が覚えていなかったわけです。それが、今後は覚えている人が増えてくると考えられます。

夢の中で宇宙船を見たり、ＥＴと出会ったりすることで、少しずつＵＦＯやＥＴに慣れていくということではないでしょうか。

そうすることで、宇宙人に対する恐怖心を減らしてゆくのです。また、恐怖心がやわらぐことで、過去にしていた遭遇体験が、夢という形で思い出されてくるということもありえます。それでは、どういう夢を見るのかということで、私の見た夢をいくつか紹介しましょう。まず、中学か高校のときに次の夢を見ました。

◇夢①

お盆の時期のこと。近所の公園で行なわれていた地元の盆踊りに行った。公園の中央には舞台が設置され、まわりは踊る人や見物する人で、ごった返していた。

ふと夜空を見上げると、蚊取り線香のような形で渦巻き状に光る宇宙船が、上空を通過していった。

これは未来の出来事だという意識があった。


50年近くたった今でも、このときの宇宙船は鮮明に覚えています。当時は「変な夢だな」くらいにしか思いませんでしたが、今から思うと、これから起こることを見ていたのかもしれません。また、２００６年には次のような夢を見ました。

◇夢②

子供のころのこと。林の中、UFOか何かに追いかけられ、逃げる。巨大なホースの先がどんどん迫ってくる。ちょうど掃除機の吸い込み口のような形をした大きな金属製の入り口だ。そこに吸い込まれる。そこから先の記憶がない。

この夢は、実際の体験が元にあると思われます。

前にお話ししましたが、私は小学校の低学年のときにUFOが林の上空を通過していくのを目撃しているとのことです。その体験を夢の中で思い出したということではないでしょうか。

◇夢③

UFOの中なのか？　家族で食事をしている。両親、兄弟2名ぐらい（子供のときの実際の家族とは異なる）。ここに来て、ちょっと朦朧（もうろう）としている。時間の進み方が違うので、慣れるのに時間がかかる。ここは元いた故郷なのか？

◇夢④

大きな部屋に5名ぐらいで雑魚寝(ざこね)している。トイレに行き、帰って来ると、ETが来ていたとみなが言う。するとETが現れた。女性的な姿のETだ。ただ、次に見ると普通の男性になった。その人は子供とじゃれている。


夢③と④は、おそらく夢の中で実際に宇宙船に搭乗した体験ではないでしょうか。

そこで私は家族のような人たちといっしょにいますが、これは「大きな自分」のメンバーたちといっしょにいるということを象徴していると思われます。このメンバーには、地球人類もいますし、ETたちも大勢います。

自分と関連の深いETたちとの出会いが今後起こってきますが、彼らは大きな意味での自分なのです。

その出会いは、初めは夢の中で起こります。そこで徐々に慣れてくると、今度は、より物質界に近い状態での出会いが起こるようになります。

この、慣れてくるということに関連して、ひとつ越えなければならないことがあります。

それは、ＥＴへの恐れです。

つい最近（２０１６年11月に）見た夢を紹介しましょう。

◇夢⑤

何人かで昼間、屋外で空を見上げてＵＦＯを呼んでいる。すると、遠くの雲から雲霞のごとくＵＦＯがいくつも湧き出てきた。四方八方へ飛び去っていくが、こちらのほうにやってくるものもある。

そのうちの何台かが頭上にやってきた。怖い。あまりの恐ろしさに、見つからないように小さくなる。

この夢で象徴されていますが、人にはＵＦＯやＥＴに対する潜在的な恐怖心があるのです。本当の意味でETたちと対等な立場で出会うには、私たちの意識の奥深くに潜む恐怖心を解消する必要があります。これについては後の章でお話しします。

さて、以上をまとめると、ET／UFOとのコンタクトについての夢には、次の４つのタイプがあることがわかります。

①将来のコンタクトの状況を前もって見る夢
②過去のコンタクト体験を思い出す夢
③夢の中でリアルタイムにETコンタクトを体験する夢
④ET／UFOに対する恐怖心が表面化する夢

今後多くなってくるのは、この中で②～④ではないでしょうか。

第2章　物質次元のコンタクトが増える

夢の中でのコンタクトが増えてくることでＥＴに慣れてくると、限られた人ではありますが、徐々に物質世界でのコンタクトも増えてきます。

物質次元でのコンタクトと聞くと、典型的な円盤型の宇宙船を見たり、普通の人と会うような感じでＥＴと会うということを期待しますが、今の段階では、そういうふうに期待しないほうがいいでしょう。

宇宙船もＥＴも、振動数を落としてきて、やっと第３密度の物質次元に近づいてきたという段階です。

目撃される宇宙船の形

今の段階では、まばゆい光とか楕円形の光、円形の光、半透明の白い丸というのが一般的なようです。

私が2012年3月11日に目撃したものも、半透明の白い丸でした。今から思うと、空を飛ぶ物体としては見たことがない形をしていて、半透明で、どこかこの世の物でない感じがしました。

しっかりとした形で把握される場合は、円盤そのものというよりも、円盤のような形の雲とか、あるいは、飛行機やヘリコプターに化けていることもあります。こういった例をひとつ紹介しましょう。

◇2013年8月22日　モンロー研究所にて

日本人を対象としたSLⅡをモンロー研究所で開催したときのことです。モンロー研は牧場のような広々とした草地にあり、その一角には高さが2メートルほどの巨大な水晶が立っています。

夜10時ごろ、みんなでこの水晶のまわりに集まり、ＵＦＯを呼ぼうということになりました。

水晶のまわりに輪になって、みんなでレゾナント・チューニング（アーとかオーとか母音を発声するワーク、一種の声明（しょうみょう））をし、心の中でＵＦＯに呼びかけます。そして、ＵＦＯが現れないか真っ暗な空を眺めます。

そういうことを10分ほどやった後、しばらく空を眺めていました。

過去の経験から、みんなでワクワクした気持ちになるといいことがわかっていたので、まず、トレーナーのひろさんの音頭で、「てん・ぱい・ぽん・ちん体操」を、３回ほど踊りました。

ひろさんによると、これは30年ほど前に一部で流行（はや）った体操ということです。みんなも笑いながらいっしょになって踊りました。

次に、トレーナーのミーさんとそのさんの指導のもと、円盤音頭を踊りました。この音頭も30年ほど前に流行ったということです。

さらに、ミーさんと参加者のＳさんがピンクレディーの「ＵＦＯ」を踊り、みんなますますハイになっていきました。

その間、空を見上げて、怪しげな飛行物体を探していました。

モンロー研の上空は飛行機の航路らしく、ひっきりなしにさまざまな方向に飛行機が飛んで行きます。ふらふら揺れるものがかなりありますが、明らかに飛行機です。風で揺れるのです。

そんなとき、北の空から飛行機と思われる、かなり明るい光の点がやってきました。

飛行機とまったく同じように機首と左右両翼の先端、さらにもう1か所ぐらいに明るい光があります。機体の形もうっすらと見えます。

みんな、初めはちょっと期待していたのですが、飛行機だとわかるとがっかりしました。

ただ、光はまったく点滅することがなく、どうも変だなと思い始めたころです。私たちのちょうど真上に来たとき、突然、両翼のエンジンにあたる部分が長方形に明るく光ったのです。1、2秒ほどでした。

あの部分が長方形に光るなんてことは、おそらくありえないと思います。

みな、「え！　今の何？」と思っているうちに、それはそのまま、まっすぐに南の空へ飛んで行ってしまいました。

きっと飛行機だという先入観から、誰も写真を撮っていませんでした。私はビデオカメラを持っていたのですが、後の祭でした。

光が点滅していなかったことと、私たちの上空でエンジンにあたる部分が長方形に光ったということから、これは通常の飛行機ではなく、おそらくＥＴの宇宙船だろうと思っています。

そうだとしたら、ひとつ重要なのは、宇宙船が私たちの呼びかけに応えて現れたという点です。

ＥＴからのサイン

このほか、特殊な形の雲が見えたり、光の筋とか縞状の光のパターンが写真に写るという場合もあります。

これは、宇宙船が写ったというよりは、ＥＴが存在を示すためにサインを送ってきたと考えたほうがいいかもしれません。

以下に、こういった例をいくつか紹介します。

◇龍形の雲

日本ではモンロー研プログラムを、千葉県の九十九里浜南端に位置する上総(かずさ)一ノ宮にある、「ホテル一宮シーサイドオーツカ」で開催します。

巻頭にあるカラー口絵の写真②は、２０１６年7月にＧＶを開催したときの、ある日の昼休みに海岸で撮ったものです。何の気なしにふと見上げると、龍が見えたので、写しました。口先に丸い玉をくわえているように見えます。

また、口絵の写真③は、２０１６年12月に千葉の自宅のすぐそばで写したものです。このときも何気なく空を見上げたら、龍が飛んでいました。すぐに撮ったのですが、すでに少し形が乱れていました。最初に見たときには、頭の形が龍そのものでした。

前にもお話ししましたが、私にはシリウス系の龍型生命体の友人がいます。この生命体には、龍の仲間が日本や世界のあちこちにいます。そういう仲間たちが、「ここにいるよ」という感じで、雲でサインを示してくれているような気がします。

◇三輪山の龍蛇神？

日本で開催されるモンロー研プログラムに、これまで多くの方が参加されていますが、その中に、あべけいこさんという方がいます。彼女にはアクアヴィジョン・アカデミーに、いろいろなことで協力していただいています。

彼女は最近になって「セルフアウェイキングフェロー（ＳＡＦ）」という一般社団法人を立ち上げられ、ヘミシンクなどのツールを使ったワークショップを開催されています。

さて、２０１４年11月に彼女から１通のメールが写真と共に送られてきました。これがそのときのメールです。


一昨日、私の開運ツアーで大神神社に行きました。

三輪山に登って大神神社に参ってからバスに乗り込んで空を見ると、龍とも蛇とも取れる雲が頭上に！！！

感動して写真を撮ったのでお送りします。

そして、この雲が頭を離れずにいたところ、前から読みたいと思っていた坂本さんのご著書『ベールを脱いだ日本古代史』を、ゆかりさんの事務所で発見……。

これぞ導きと思い、いま、読みふけっています。

そして、すごい！！！と感動しています。

なにか導きを感じました。

私のガイドの一人（？）に龍がいて、現れた時に名前を聞いたら「スネーク」と答えました……。

２０１２年の夏から現れたガイドですが、「龍なのにスネーク？」と不思議でしたが、龍と蛇が同一存在と後で知って納得しました……。（以下略）

添付されていた写真（※カラー口絵の写真④を参照）を見て驚きました。こんな雲は見たことがありません。はっきりとした顔まであります。これは明らかにガイドからのメッセージと考えていいのではないでしょうか。

◇石割神社

同じく口絵写真の⑤と⑥は、２０１２年8月に石割神社へ行ったときに撮影したものです。この神社は富士山の裾野にある石割山（標高１４１３メートル）の8合目付近にあります。神社へは長い階段を登っていきます。

この神社は、はっきり言って、あんまりいい感じがしませんでした。険しいというか、修験者の持つ厳しさというか。

そんなことを思いながら、帰りに階段を下りきって空を見上げたら、この２つの雲が空にありました。見たこともない、何とも異様な形をしています。とくに2枚目は、龍が渦を巻くように飛んでできたかのような形です。

同じ龍でも、こちらは寄せつけないような感じを受けました。別系統の龍のようです。

◇２００９年11月　熱海のホテルにて

２００９年当時、モンロー研のプログラムは「熱海百万石」というホテルで開催していました。今は「星野リゾート リゾナーレ熱海」になっているところです。

このホテルは、熱海の街と相模湾を一望できる絶好のロケーションにあり、夜景は息を飲むほどの美しさです。ここで２００９年11月に、ＳＬとＳＬⅡを２週続けて開催しました。

ある晩のこと、みなでベランダに出てＵＦＯを呼ぼうということになりました。

これまでモンロー研に行くと、よくオーブと呼ばれる光の球体が写真に写ることがありました。オーブが何かについては諸説ありますが、何らかの非物質の生命体や亡くなった人、体脱中の人である可能性があります。

このオーブは、みなで笑ったり楽しい気分になったりすると、写りやすいということが経験でわかっていました。

そこでＵＦＯを呼ぶときも、みなでワイワイ楽しくするほうがいいということで、女性トレーナーたちが円盤音頭を踊ったりしました。

こうして全員でハイになり、それぞれが熱海の街の上空の真っ暗な夜空に向かってカメラのシャッターを切っていきました。

初めは単に暗い夜空が写っていたのですが、そのうち何人かの写真に光の筋やオーブが写るようになりました。

これはすごいと言うので、さらに、盛り上がってＵＦＯを呼びました。

すると、格子状のパターンが写りはじめました。よく見ると、どうもベランダの床に貼ってあるタイルのパターンと同じなのです。しかもカーテンまで写っています。つまり、空の方からこちらを撮ったら写るであろう写真なのです。

これには驚きました。ETが明らかに交信してきたのです。

おもしろいことに、同じときに撮っても、写る人と写らない人がいるのです。撮る人がこういう現象をどこまで信じているのかによるのかもしれませんし、喜んでいる度合いによるのかもしれません。

ここではトレーナーのミーさんが撮った写真を紹介します。写真は時系列に並んでいます。40枚ほど撮った中の一部です。（※カラー口絵の写真⑦〜⑬を参照）

最初の1枚は何も写ってなかったのですが、2枚目にオーブが写り（※写真⑦）、「もっと違う形で写ってくれますか」とお願いすると、光が点々と並んだ筋が写り、さらに筋と光のパターンが写るようになりました。（※写真⑧〜⑩）

その後、向こうからこちらを写したような写真が写りはじめました。（※写真⑪〜⑬）

ここには明らかにET側との交信が見られます。心の中でお願いしたことが、すぐにカメラに写る写真として現れています。

写真を通して交信が行なわれているのです。

写した写真の中には室内にＥＴがいるように見えるものもありました。ただ、紛失したのか、今は見つかりません。

ＥＴとの遭遇

ＥＴと遭遇する場合でも、今の段階では、明らかに物質次元で遭遇するというよりは、こちらの意識が少しだけ周波数の高い状態へシフトして遭遇するというケースが、しばらく続くと思われます。

一瞬、夢を見るような感じになって、出会いが起こります。今までと違うのは、その体験をしっかりと覚えているという点です。

宇宙船の中で出会う場合は、自分の体は肉体ではなく、肉体から抜け出て、いわゆるアストラル体になっているか、あるいは、肉体の振動数が引き上げられて、ＥＴと同じレベルになっている可能性があります。

つまり、物質次元で会うというよりは、少しだけ高い周波数の状態で会うということになります。

◇トレーナーさちさんの宇宙船搭乗体験

そういった体験の一例を紹介しましょう。

福岡でアクアヴィジョンのトレーナーをしている、さちさんの体験談です。


12年ほど前の４月頃だと記憶しています。

晴れ渡った、とても気持ちの良い日でした。

その日私は友人宅へ遊びに行くのを約束していましたが、予定より大幅に早く着いてしまいました。友人宅は美しい海岸のそばにあります。時間つぶしに岸壁に車を止め、車窓から波が岩に砕け散る様子をぼんやり眺めていた時です。

どれだけ時間が過ぎていたのかわかりませんが、ふと気がつくと視界全てが白い景色に変化していました。さらに眩しくて上空を見あげるとＵＦＯが停泊しているのです。ＵＦＯの底の部分は丸く空いていて、そしてその穴へ向けて私を吸い込もうとしているのです。

「吸い込まないで～！」

私は心の中で叫んでいました。

ＵＦＯの底の丸く空いた部分は入口のようです。私はできる限りの力で抵抗しましたが、まるで強力な掃除機で小さなゴミを吸い上げるように、いとも簡単に、あっという間に船内に私を吸い込んでしまいました。

気が付くと、私はＵＦＯ内のベッドの上に横たわっていました。

ベッドには白いシーツが敷いてあります。ちょうど病院の診察台のようなサイズです。

室内は白い壁、全てが白です。そして輝いています。二人の存在が私を覗き込んでいますが、この人たちも白い服を着ています。「人たち」と表現しましたが、まるで人間のような姿だったからです。しかし、その人たちの顔ははっきりと把握できません。それに何も会話はありません。

無言のうちに、二人の人たちは寝ている私の耳の中を覗き込み、ピンセットを使い、黒い小さな四角いものをゆっくりと挿入してきました。

「何か入れられる！」一気に不安が押し寄せました。

この黒い小さな四角いものを入れるときは痛みなど全くなく、入れると同時に、なんと同じような黒い小さな四角いものを取り出していることに気がつきました。

黒い小さな四角い物は入れ替えだったようです。耳から新しいものを入れ、交換のために古いものは取り出された……そういうことのようでした。

そこで意識がスーっと途絶えて、気がつくと私は元の車の中にいました。


この後、私はこのリアルな体験をどう解釈したらよいか、ネットや本で調べたりもしました。また、それらしきことを知っている人に聴いたりもしましたが、「誘拐されたのだ」「宇宙人に操作されている」、「あなたは恐ろしい人だ」など言われることもあり、その言葉に私の心は傷つき、それ以来「このことは誰にも言わないようにしよう」と心に決めたのでした。

そのような経過で封印した出来事でしたが、先日アクアヴィジョン・アカデミーの「ＥＴコンタクト・コース」を受けたときに、最初のセッションで、その理由らしき内容をプレアデスの存在から聞くことができました。

理由を聞きたいと意図したわけではありませんが、プレアデスからこの地球に私が来た理由が、あの出来事の理由に繋がったのです。

それはこういう話でした。

プレアデスに住んでいた頃、そこは「コミュニティ、家族、村、集団」という概念で暮らしていました。みんなが仲良く助け合って暮らしている集団です。そこで私は「他者を通して自分を知る」ということを学んだようです。

さらにもっと「他者を通して自分を知っていく」ことを望み、それは「地球で人間として暮らすことで学びが深まるようだ」ということを聞き、地球に行くことにしたらしいのです。

更に、この学びをプレアデスの仲間と共有する為に、地球での出来事を「情報」として提供しているということでした。

ちょうどマイクロチップのようなシリコン状の黒い小さなものに情報は収められ、定期的に回収されていたようです。

ただし、現在は黒い小さな四角いものは撤去され、今は光通信のようなイメージで、送られているということでした。

そして、これは特殊なことではなく、大勢の人が、故郷の星にいる仲間と情報を共有する為に「経験」という情報を送っているということでした。

ふる里に住む同胞と、共に成長するためにそうしているのです。少し安心しました。

それでやっと、この体験を人に話してもいいかなと思い、ここに書かせてもらいました。他にもＵＦＯに乗った経験があります。しかしその記憶は断片的です。きっとあなたも、ＵＦＯに乗っているはずです。私はそう思います。

この体験は、物質次元で起こったというよりは、変性意識に入った状態で起こったと考えられます。

ただ、意識をしっかり保ったまま体験したこと、さらにその体験を覚えているという点で、これまでの類似の体験と異なっています。

今後はこのように、意識を保ったままでその後も体験内容を覚えているというＥＴとのコンタクトが増えてくると考えられます。

◇ＥＴがプラズマ体で写真に写る？

先にもお話ししたように、第４密度のＥＴが私たちの住む第３密度の物質界へ姿を現すには、周波数を下げてくる必要があります。ただ、完全に第３密度まで周波数を下げることは難しいのか、あるいは、そうすることを意図的に避けているのか、ＥＴが物質次元で目撃されたことは、ほとんどありません。

第３密度のごく近くまで下げてきたとしても、私たちの目には、見えたり見えなかったりするようです。場合によっては、その姿は白っぽい霧としてカメラに写ることがあるようです。

そういう意味では、幽霊と同じような状態にいるのかもしれません。

モンロー研トレーナーのフランシーン・キングは、こういう状態をプラズマ体と呼んでいます。

次にお見せする一連の写真は、フランシーンが２００９年10月のＳＬのときに、モンロー研の外の草原で写したものです。（※カラー口絵の写真⑭～⑯を参照）

ある晩、みなでＵＦＯを呼ぼうと水晶のまわりに集まりました。レゾナント・チューニングなどのワークをやった後、水晶のまわりの真っ暗な草原に向かってフラッシュをたいて何枚か写していくと、まず小さな赤いオーブが水晶の右手に写りました。（※写真⑭）

その直後に写した写真には、水晶を覆う大きなプラズマ場が現れました。（※写真⑮）

その後の何枚かには何も写っていませんでした。

その次に撮ったのが、写真⑯です。かなり淡い写真なので、コントラストを上げています。何か生命体のようなものが3体、上空から下りてきているように見えます。ＵＦＯを呼ぶワークに応えてＥＴたちがやってきたと言えるのではないでしょうか。

興味深いのは、まず最初にオーブが写ったことです。熱海でＵＦＯを呼んだときも、最初にオーブが写りました。

ＳＬに参加したアメリカ人女性で、こういう霧状の存在に興味を持ち、これまでに何百枚もの写真を撮った人がいます。

彼女はそれを2冊の本として出版しており、その本のＰＤＦバージョンが、次のＵＲＬから無料でダウンロードできます。

The Journey into the Myst: A True Story of the Paranormal

https://www.researchgate.net/publication/273692680_The_Journey_into_the_Myst_A_True_Story_of_the_Paranormal

Patterns in the Myst: Messages from the Universe

https://www.researchgate.net/publication/273692741_Patterns_in_the_Myst_Messages_from_the_Universe

こういう霧状の存在が何なのか、ＥＴなのか、地球にいる非物質の存在なのか、まだまったく研究されていない分野ですので、今後、多くの人によって研究されることが期待されます。

◇寝室にETがやってくる

これまでにもお話ししましたが、SLなどに参加すると、ETとコンタクト（遭遇、交信）する機会が何度もあります。出会いは通常、宇宙船の中だったり、どこかの星だったりします。しかも、物質世界とは異なる次元での体験です。

ところが、自分がヘミシンクを聴いている部屋にETがやってきてコンタクトすることもあります。自分がまだ物質世界をしっかりと把握できる状態のときに、ETが部屋に来たことが感じられるのです。

ヘミシンクを聴いていると、亡くなった人が部屋にやってきたのが見えたり、わかったりすることがありますが、それと同じような状態です。

私の場合は、姿が見えるというよりは、存在感がわかるということが多く、見える場合でも、まぶしい光や鮮やかな色が見えたり、シルエットが見えたりします。それよりも、実際に会話が始まるので、そこに何かが来たことがわかります。また、会話の内容から、それがＥＴだということもわかります。

自宅で夜に眠ろうとしているとＥＴがやってきたこともあります。ただ、少し交信した後、そのまま眠ってしまうことがほとんどです。

自分の寝室にＥＴがやってくるようになるのは、今のところ、次の人の場合が多いと思います。

- 日頃からヘミシンクを聴くなどして、ＥＴと非物質界で会う練習をしている
- 特定のＥＴとつながっている

このように、ヘミシンクを聴いている人の場合には、自宅にＥＴがやってくる可能性があります。

ですから、この本を読まれた方でヘミシンクを聴いている方は、ヘミシンクを聴いているときや眠る際に、ぜひＥＴに意識を向けるようにしてみてください。

◇ET／UFOを呼ぶとやってくる

熱海で写った光のパターンが示しているように、ET／UFOと交信し、物質次元で何らかのサインを送ってもらうことは可能だと言えます。

同様に、モンロー研の上空に現れた飛行機型のUFOや水晶のそばに現れた3体のプラズマ体のETが示すように、ET／UFOを呼び寄せることも可能だと言えます。

これも寝室にETがやってくるのと同様、日ごろからETと非物質界で会ったり、特定のETと親しくなっていると、可能性がぐんと高くなると思います。

また、後でお話ししますが、さらに特定の「練習」をすることで、より高い確率でできるようになってきます。

以上をまとめると、ETコンタクトで今後増えてくると思われるのは、次のことがらです。

●物質界でのUFOの目撃

▽まばゆい光とか楕円形の光、円形の光、半透明の白い丸

▽円盤型の雲
▽飛行機やヘリコプターに化けたＵＦＯ

- 物質界の空に現れるＥＴからのサインの目撃

▽龍型の雲、その他の形の雲
▽さまざまな光のパターンが写真に写る

- ＥＴとの遭遇

▽物質世界で変性意識状態で体験し、それを記憶している
▽ＥＴがプラズマ体として写真に写る
▽自分の寝室にＥＴがやってきてコンタクトする
▽ＥＴ／ＵＦＯを呼ぶとやってくる

第5部

ETコンタクトのための準備

第1章　必要とされる準備

前にも述べた通りバシャールは、ＥＴとのオープン・コンタクトが２０２５年から２０３３年に起こると予測しています。ただ、私たちが何もせずに漫然と待っていればいいのかというと、そうではないようです。

私たち人類の側の努力というか、積極的な準備も必要です。

それでは、具体的にどういうことをしてゆくのがいいのでしょうか。私は次の３つのことをやるのが最低限、必要ではないかと考えています。

これ以外にも、周波数を上げるためにヘミシンクのさまざまなエクササイズをやることは効果があります。

①ETに慣れ親しむために、ETに会う練習をする
（A）地球のまわりの非物質次元の宇宙空間で会う
（B）宇宙船内で会う
②宇宙船を呼ぶ練習をする
③潜在意識と無意識にある恐れを手放す。その結果、恐れで覆われていた「真実の自己」がフルパワーで輝きだす

では、以下に簡単に説明してみましょう。

まず①ですが、自分と関連の深いETたちは、私たちの手助けをしようとしています。そういうETたちに積極的に会う練習をすると、実際に会えるようになります。出会いは、初めは非物質世界で起こりますが、練習を重ねると、より物質世界に近い状態で出会いが起こるようになります。最終的には物質世界での出会いが実現します。

次に②ですが、宇宙船に物質世界で姿を現してもらいます。あらかじめETとつながり、

特定の日に特定の場所の上空に来てもらう約束をするというやり方など、いくつかのやり方があります。

次に③ですが、人はみな潜在意識と無意識に恐れが潜んでいます。それがあると、ＥＴを恐れのフィルターを通して見てしまいます。そのため、①の練習だけ行なっていても、本当の意味での出会いは起こりません。ＥＴたちを真の姿でとらえることは難しいです。

①を行なうかたわら、③を行なうことが必要なのです。

①と③は、ヘミシンクを用いることで効果的に行なえます。

アクアヴィジョン・アカデミーでは、そのための「ＥＴコンタクト・コース」を日本各地で開催しています。

以下の章では、ここに挙げた項目について、さらに説明したいと思います。

第2章　ETに慣れ親しむ

第1部でお話ししましたが、地球のまわりの非物質次元の宇宙空間に、多くのETたちが集まっています。そういう中には、自分とつながりの深いETたちもいます。彼らは、大きな意味での自分と言っていい存在です。

彼らは、私たちがひとつ上の段階へ、つまり第4密度へ進んでいけるように手助けしてくれています。

そういう彼らにこちらから積極的に会いに行くことは、両者にとって好ましい状況を作り出すでしょう。

何度か会ううちにテレパシーでつながれるようになれば、より大きなメリットが得られます。

彼らに会い、慣れ親しむことで、他のＥＴにも違和感なく会えるようになります。

この章では、自分と関連の深いＥＴとコンタクトする練習についてお話しします。

彼らは、普段は宇宙船に乗って地球のまわりの非物質次元の宇宙空間にいます。

第1部で紹介したように、この領域には巨大な宇宙ステーションがあります。そこはこれまでは主に、ＥＴたちが人類と地球のことを知るために使われていました。

今後は人類がＥＴについて知るためにも使われていきます。また、ＥＴと人類の交流のためにも積極的に使われていきます。

（A）地球のまわりの非物質次元の宇宙空間でETとコンタクトする練習

まず紹介するのは、この宇宙ステーションで自分と関連の深いＥＴに会う練習です。

地球のまわりの非物質次元の宇宙空間にある宇宙ステーションと聞くと、そこまで行くのはかなり難しいと思われるかもしれません。

ところが、実はそれほど難しいことではないのです。イマジネーション（想像力）を使うことで可能となります。

特にヘミシンクを聴いて変性意識に入ると、行きやすくなります。

具体的には、次のことを順に想像していきます。


緑の草原にいる。

遠くに白亜の塔が見える。そのてっぺんは雲間に隠れて見えない。

そこまで草原を歩いてゆく。

塔の下に着いた。壁にドアがあり、中へ入ると、中はエレベーター。

エレベーターが上昇し、次第にあたりは暗くなり宇宙空間へ。

エレベーターが止まる。ドアが開くと、そこは宇宙ステーションの中。

ヘルパーが出迎えに来ている。ヘルパーといっしょに宇宙ステーションの中を歩いてゆく。

部屋に着く。中に入ると、ＥＴが待っている。これはあなたと関連の深いＥＴ。

質問し、答えをもらう。しばし交流する。そのＥＴの母星へ連れていってもらってもいい。

帰る時間になった。

ヘルパーと共に戻る。エレベーターの入り口へ着く。ヘルパーに感謝し、別れる。

エレベーターが下降する。次第に地上の様子が見えてくる。

エレベーターが止まる。ドアが開き、外へ。緑の草原に戻る。


ＥＴコンタクト・コースでは、最初にこのエクササイズを行ないます。

音声によるガイダンスが聞こえてきますので、セミナーの参加者はそれを聞いて、順に想像していきます。

ガイダンスが「草原にいます」と言うと、リアルに草原が見えてくる人もいますが、そこまではっきり見える必要はありません。そういうつもりになる、ということが大切です。

たとえば本を読んでいて、その描き出す世界にどっぷり浸るのと同じことです。

できるだけリラックスし、肉体だけでなく、心も緩めます。

しかし、これがけっこう難しく感じる人もいます。

左脳のおしゃべりが止まらなかったり、ついつい考えすぎてしまったり、見よう見ようとがんばりすぎたりするのです。

それでもとにかく左脳を静めて、右脳の世界に入っていきます。

すると、向こうの世界が知覚されてきます。

◇ETの姿の知覚のされ方

ＥＴの姿がはっきり見える場合もありますが、そこにＥＴがいることはわかるが、姿がうまく把握できないということもあります。

何かが見えるときでも、多くの場合は白っぽい光とか、もやっとした霧状の存在として把握されます。シルエットのみが見えることもあります。

あるいは、アニメのキャラクターがそのまま出てくることもあります。ただ、その場合は、本当の姿を把握しているというよりも、知覚される過程で自分の中で変換されているようです。

ＥＴコンタクト・コースに参加された人で、このエクササイズで面白い体験をした人がいます。宇宙ステーションに着くはずなのに、着いた先はディズニーランドだったそうで、しかも出迎えたのがスティッチだったとのことです。

その人としてはまったく関係ない体験をしてしまったと思っていたのですが、他の参加者たちに「スティッチって、もろ宇宙人じゃない」と言われて、「あっそうか」と納得していました。

要するに、知覚する際に、一番近いイメージを持ってきているのです。

これはＥＴだけでなく、非物質界で何かを知覚する際によく起こります。対象をそのまま知覚する場合と、それに近いものに変換している場合とがあるのです。

ＥＴとコンタクトしていると、知らないうちに眠ってしまうことがあります。それには、ふたつの理由が考えられます。

ひとつは、多くのＥＴは、慈愛あふれる優しいエネルギーを発しているためです。ともかく癒し系のエネルギーがいっぱいなのです。まるで温泉にでも浸かってリラックスしているかのような状態に自然になります。そのため、せっかくＥＴと出会えても、その後のことをなかなか覚えていられないということが起こります。

眠ってしまうもうひとつの理由は、ＥＴの周波数が私たちの周波数よりも高いということがあります。

ヘミシンクを聴いてＥＴと会う場合、私たちの意識の周波数は、通常の覚醒時の周波数よりも高くなっています。そのため、ＥＴの周波数に近くなってはいますが、それでも違いがあり、そこへ引き上げられるために意識を保ちづらくなるのです。

◇ETとの交信

ETとの交信というと、ETとテレパシーで会話するというふうに考えるかもしれませんが、必ずしもそうとは限りません。初めから会話になるのはまれで、通常はもう少し段階を踏んでいきます。

たとえば、ETに質問したら、一瞬リンゴが見えた、あるいは、ふとリンゴという言葉が心に浮かんだ。それが答えだった、とか。

ETからの答えは、往々にして短い文や何かの画像です。長い文や映像ということは、慣れてくるまではないと考えたほうが良いでしょう。

ETからどういう形で答えが返ってくるのか、以下に典型的な例をあげてみましょう。

①言葉や文が、心の中で出てくる（自分の考えのように）

たとえば、「どこから来ましたか？」と尋ねると、「プレアデス」という言葉が心に浮かぶという具合です。逆に、長い文がとうとうと出てくることもあります。

また、文になる前の段階の情報を受け取り、言葉に翻訳するということもあります。

②声が聞こえる（ETの言葉なので意味不明の場合と、日本語や英語なので理解できる場合とがある）

早口の意味不明の言葉や、巻き舌のような言葉が聞こえたことがあります。

日本語や英語が聞こえる場合、誰か良く知ってる人の声で聞こえることがあります。それは、その人が話しているのではなく、その人の声を使ってETが情報を伝達してきているのです。

③画像、映像が見える（断片的なこともある）

たとえば、「どこから来ましたか?」と尋ねると、プレアデス星団の写真が見える、という具合です。

④答えを情報の塊（かたまり）として受け取る（その塊を後で意図的にひも解いて答えを得る場合と、知らないうちに自然解凍されて答えをもらっている場合とがある）

この場合、答えを受け取ったことはわかるが、その瞬間には何を受け取ったか内容まではわからない、ということがあります。
後で、それを思い出して意識を向けたときに、答えが言葉や文、画像、映像として次々に出てくる場合と、受け取ったことをすっかり忘れているうちに、いつの間にか知りたかったことがすべてわかっている場合があります。

⑤体感（暑い、寒い、エネルギーが流れる、しびれる、圧迫感、体の部位が動く）
答えをエネルギーで受け止め、体がそれに反応している場合に、こうなるようです。

⑥感情（うれしい、楽しい、悲しい、苦しい、さびしい）
同様に答えをエネルギーで受け止めているのですが、心がそれに反応している場合に、こうなるようです。

ＥＴとうまく交信するには、自分がどういう形で受け止めるのが得意なのかを知ることが大切です。

ここにあげた①から⑥は、大きく「言語、イメージ、体感、感情」に分けられます。この中で、自分はどれが得意なのか、言語なのかイメージなのか、それとも体感や感情なのか、それを見極めるのです。

そして、それを見極めた上で、まずは得意なやり方で積極的にＥＴと交信しましょう。いずれにせよ、うまくなるには練習が肝心です。

自宅でも、メタミュージックを聴きながらこの一連の想像をしてゆくことで、ＥＴに会うことができます。メタミュージックとは、曲にヘミシンク効果が入ったＣＤで、さまざまなタイトルのＣＤが市販されています。詳しくはアクアヴィジョン・アカデミーのウェブサイト www.aqu-aca.com をご覧いただければと思います。

こうした方法で自分と関連の深いＥＴと会えるようになったら、そのＥＴの特徴をよく覚えておきます。あるいは、そのＥＴを象徴するシンボルは何かと考え、シンボルを決めます。

今度はわざわざ宇宙ステーションまで行かずに、直接コンタクトするようにします。そのためには、このＥＴの特徴やシンボルを思い出すのです。

そうすることで、すばやくこのＥＴとつながり、交信できるようになります。

（B）宇宙船内でETとコンタクトする練習

次に、（A）よりも物質世界に近いところでETに会う練習をします。地球のはるか上空ではなく、数百メートルというような、ごく近い距離です。まだ非物質次元ですが、周波数的にも物質世界に近い周波数で会います。

具体的には、次のことを順に想像していきます。

上空に宇宙船が来ていると想像する。上空と言っても、物質世界とは微妙に次元の異なる世界。

宇宙船の中央部から、まっすぐこちらに光の柱が降りてくる。

光があなたをやさしく包み込む。あなたは光によって徐々に上へと引き上げられる。

上空に宇宙船の中央部が丸く開いているのが見え、そこへ向かってゆっくりと進んでいく。

宇宙船の中へ入る。

何名かの生命体が出迎えに来ている。彼らは優しさと愛情に満ちあふれている。

彼らにあいさつし、質問をして答えを得る。

宇宙船の中を案内してもらう。

操縦室へ連れていってもらい、操縦席に座る。宇宙船の操縦の仕方を教わる。

自分で操縦してみる。

街の上空や野山の上を自在に飛び回ることを想像する。あるいは、日本国内や海外の、特定の町や場所を訪れてもいい。

宇宙船に乗って、自由に探索する。

帰る時間になる。

夢の中でこの宇宙船に乗ることになるので、操縦席の様子や宇宙船内の様子をしっかりと覚えておく。

操縦席から降り、宇宙船の中央部へ連れていってもらう。

生命体たちに感謝し、光の柱の中を下へと降りていく。

体の中へ戻る。


このエクササイズも、ＥＴコンタクト・コースで行ないます。

このコースでは、初めの段階で参加者が輪になって座ります。

その中央に、オブジェ（※カラー口絵の写真⑰参照）を置いて、瞑想します。

このオブジェは、上向きのピラミッドと下向きのピラミッドが底面で合わさった形をしています。正八面体に近い形ですが、正八面体ではありません。

ピラミッドの側面は金色に輝き、ちょうど底面の部分が横から見ると青色に塗られています。

実はこれは、アクアヴィジョン・アカデミーのロゴを立体にした形なのです。このロゴは水面に映ったピラミッドを表しています。

金と青の組み合わせは、古代エジプトのツタンカーメンの黄金のマスクに使われている色と同じです。私はこの色の組み合わせが大好きなので、ロゴにも使っています。また、ウェブサイトの基本カラーにも使っています。

このオブジェを中央に置いて瞑想する際に、ピラミッドから上下にエネルギーが照射されていると想像します。

これはガイドから言われたのですが、そうすることで目印になり、この近くを航行中の宇宙船が気づくようなのです。

なので、コースの初めと、このエクササイズをやる直前の２回、瞑想をやるようにしています。

実際、効果はてきめんで、毎回宇宙船がやって来てくれます。

このエクササイズのコツは、想像だと割り切って楽しむことです。あらかじめそう言っておくと、参加された方たちは肩の力が抜けて、思いきり想像の世界を楽しむことができます。

実は、想像というのは、非物質世界を知覚するための効果的な手段、方法なのです。想像を呼び水にして、非物質世界で起こっていることを知覚し、またその中へ入っていくことが可能となるのです。

ですから、たとえ出だしは想像であっても、そこから非物質世界の体験へとつながっていくのです。

第3章　宇宙船を呼ぶ練習

先ほどの第2章の2つ目のエクササイズで物質世界のかなり近くの次元まで宇宙船に来てもらうことができるようになります。

その次のステップとして、宇宙船に呼びかけて物質世界で姿を現してもらうための練習をやります。

それには、いくつかのやり方があります。

①あらかじめ特定のETとつながり、特定の日時に特定の場所で宇宙船が姿を現すようにお願いし、了解を得ておく

②あらかじめ特定のＥＴとつながり、宇宙船で姿を現すようにお願いすると、日時と場所を指定される

③特にＥＴとはつながらないが、特定の日時に特定の場所で宇宙船が姿を現すようにお願いする

④「今、空に現れて」とお願いし、出てきてもらう

自分と関連の深い特定のＥＴと親しくなってくると、宇宙船で姿を見せてくれるようにお願いできるようになってきます。

ＥＴとしては、宇宙船の周波数を下げて物質世界でも見えるようにする必要があり、さまざまな制約があります。

たとえば、航空機にぶつからないようにする、レーダーに感知されないようにする、必要以上に多くの人に見られないようにする、といったことです。

あるいは、天候も左右します。せっかく出てきても曇っていては見られません。

さらに、地球上には、エネルギー的に宇宙船が周波数を下げて姿を見せやすいところと、そうでないところがあります。たとえばＵＦＯの目撃談が多い場所は、宇宙船の通り道に

なっているところが多く、宇宙船としては姿を現すのが簡単です。

したがって、ＥＴ側からすれば②が難易度が一番低くなります。その次は①ですが、場所や日時によっては了解が得られないこともあります。
③と④は、自分の願いを空にいるＥＴに向かって放つ必要があります。それには、ヘミシンクを聴くなりして知覚を広げ、周波数を上げてから願いを唱えると、より効果的でしょう。
特に④は、付近を航行中の宇宙船に突然お願いするので、もっとも難易度が高いと思われます。ＥＴもいろいろと忙しかったり、諸々の事情で願いに応えられない場合が多いのです。流しのタクシーを拾うのとは、わけが違います。

ということで、あらかじめお願いするのが無難です。つまり、①から③のやり方で、ということになります。

その中でも、①または②のほうが宇宙船が現れる確率が高くなるので、第2章の（A）で紹介した特定のＥＴとつながる練習を、ぜひ行なっていただければと思います。

第４章　潜在意識と無意識にある恐れを手放す

第1部でお話ししたように、どの人も潜在意識や無意識の領域に恐れが潜んでいます。人間の集合的無意識と呼ばれる、人類に共通する無意識にある恐れもあります。また、各人がそれぞれの理由でため込んだ恐れもあります。

後者の場合、その原因となる体験は、母親のお腹の中にいたときにしたものもあれば、幼少期や子供時代、青春期、成人以降にしたものもあります。あるいは、他の人生（過去世など）での体験をそのまま持ち越してきていることもあります。

こういう恐れがあると、ＥＴを恐れの対象として見てしまう傾向があります。ＥＴを恐れのフィルターを通して見てしまうのです。

ですから、ＥＴと普通の精神状態で会うためには、潜在意識や無意識の領域にある恐れを解消する必要があります。

それはまた、私たちが第３密度から第４密度へ上がるためにも、欠かせないことなのです。

第４密度では、潜在意識と無意識がなくなり、すべてが顕在意識になります。

それに対して、第３密度では、顕在意識が見たくない恐れを潜在意識や無意識に抑え込んでいます。

しかしそうしている限り、意識は３つに分裂したままです。恐れとしっかり対峙し、解消することで、潜在意識と無意識はなくなり、すべてが顕在意識になるのです。

恐れを解消するには

こうした恐れを解消するには、潜在意識と無意識という心の闇の中に光を入れることが最良の方法です。

光（Ｌｉｇｈｔ）とは生命（Ｌｉｆｅ）エネルギーであり、愛（Ｌｏｖｅ）のエネルギーです。この３つは等価です。

それには、自分の外から入れるやり方と、自分の内面奥深くにある「真実の自己」を輝かせることで、内側から入れるやり方とがあります。

以下、それぞれについて説明します。

◇光を外から入れるやり方

光（生命エネルギー）に満ちあふれた場へ行き、そこでエネルギーが体内へ流れ込んでくると想像します。頭のてっぺんと会陰（肛門と性器の間）と呼ばれる部分をまっすぐに結ぶ、体を縦に通る管をイメージし、その中へ流れ込むと想像してもいいでしょう。

吸う息と共にエネルギーを吸いこんでくるとイメージしてもかまいません。

息を吐くときにアーとかオーなど母音を発声して声帯を震わせると、その振動がさらなるエネルギーの注入を促します。

こういったイメージングと発声によるワークは非常にパワフルで、肉体だけでなくエネルギー体の、さまざまな部位にあるエネルギー的なしこりやつまりを解放する効果があります。これを生命エネルギーの満ちあふれた場でやると、さらに効果的です。

生命エネルギーの満ちあふれた場とは、俗に言うパワースポットや、気が良いと感じられるようなところです。

ただし、パワースポットと呼ばれるところでも、実際にはどんよりとしていて、ちっとも高い振動数のエネルギーが感じられないところもありますので、ご自分で感じるようにしてください。

あるいは、ヘミシンクを聴いて、高い周波数の意識レベルへ行くと、それだけで生命エネルギーを浴びることができます。

『バシャール×坂本政道』で紹介されているフラクタル・アンテナ・パターンの付いたピラミッドも、生命エネルギーを集めてきますので、大きな効果が得られます。（※カラー口絵の写真⑱を参照）

これは、高次のエネルギーを低次のアストラル次元を通して物質的なレベルで利用できるように変換するということです。

このフラクタル・アンテナ・パターン付きのピラミッドなら、1辺が2～3メートルもあれば、エジプトの大ピラミッドと同じ効果が得られるとのことです。

私は実際にそういったピラミッドを作成し、その中でヘミシンクを聴くという実験を行ないました。その結果については前出の『ピラミッド体験』に詳しく書きましたので、興味のある方はお読みください。

このフラクタル・アンテナ・パターン付きピラミッドの感想をまとめると、確かにこの中はパワースポットと同様の高い周波数のパワーが強く感じられました。また、ピラミッドなしでヘミシンクを聴くときに比べ、高い意識レベルへ行くのが容易になりました。この両方の効果が感じられました。

◇真実の自己を輝かせるやり方

自分の内面奥深くに「真実の自己」と呼ばれる部分があります。本当の自分とか、本来の自分とか、真我とか呼ばれることもあります。英語ではTrue Selfです。

自分のエッセンスであり、純粋無垢で純白なエネルギーそのものです。それは無限の可能性とパワーを秘めています。

そこは「大いなるすべて」とか「創造性エネルギーの源」とか、「生命エネルギーの源」と呼ばれる、宇宙の根源と直結しています。

ただ、「真実の自己」自体は無限の可能性とパワーを持っているのですが、そのまわりに、その力を制限するような信念や考え方、恐れがびっしりとこびりついています。そのため、私たちは本来持っている力をほとんど発揮できていません。

真実の自己を意図的に輝かせると、こういった制限するような信念や恐れなどに、内面から光を当てることができます。

それでは、真実の自己を輝かせるにはどうしたらいいのでしょうか。

それには、心からワクワクすることをする、ときめくようなことをするといいでしょう。あるいは、子供や配偶者、親、ペットに思いっきり愛情を注ぐとか、創造性あふれることをするのでもいいでしょう。

いずれにせよ、真実の自己には輝きたいという強い欲求がありますので、それを感じるようにします。そして、その欲求をできるだけストレートに表現するようにします。そうすることで、徐々に真実の自己が１００パーセント輝けるようになります。

◇潜在意識と無意識に光が入るとどうなるか

このいずれかの方法で潜在意識と無意識に光が入ると、光と相いれない要素はすべて意識の表面の方へ上がっていきます。

それらは、それまで隠されていたさまざまな恐れや不安、あるいは、抑圧されていた諸々の否定的な感情、自分を制限するような信念です。

そういった要素が意識の表面に上がってくる場合、それが日々の出来事として表現されることもあります。

たとえば、家族や知人、職場の同僚との人間関係の問題や、仕事上のトラブル、事故、ケガや病気、気分や感情の乱れとして現れたりします。

光が入ってきた結果、人生のいろいろな問題が一挙に吹き出てくることもあります。

これは、それまで抑え込んでいた闇の部分の大掃除を一挙にやったからです。毒出し、膿(うみ)出しをしたのです。

光を入れれば入れるほど、隠れていたものが表面化して消え去ります。その結果、潜在意識と無意識は空っぽになり、顕在意識のみになります。表現を変えれば、真実の自己を覆うものは一切なくなり、本来の輝きを取り戻すのです。

それは第４密度になったということです。

◇箱を使って恐れを手放す

光を入れると、光と相いれない要素は意識の表面へと上がってきます。それを積極的に取り除く方法があります。モンロー研で「リリース&リチャージ」と名づけられた方法です。次のヘミシンクCDとしても市販されています。

①「ゲートウェイ・エクスペリエンス　第1巻」トラック4
②「心と体の若返り」トラック4
③「創造性開発」トラック6

CDでは音声ガイダンスが導いてくれますので、それに従います。概要はこうです。

ヘミシンクを聴き、深くリラックスした状態へ導かれます。

そこで箱を想像します。どんな箱でも、どんな大きさでもかまいません。その箱はあなたの潜在意識と無意識を象徴しています。

創造性開発 #6
チャンネルの浄化

心と体の若返り #4
浄化し調和しましょう

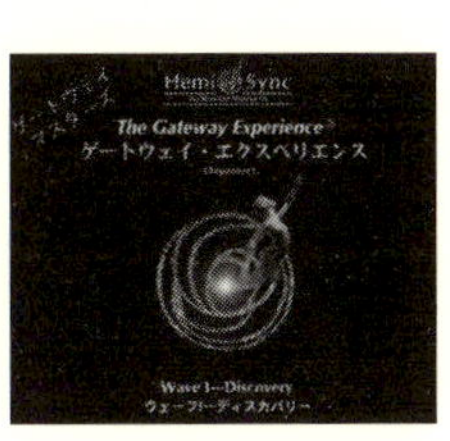

GE Wave I #4
リリースとリチャージ

取り除く準備のできた恐れや感情、制限するような信念が表面に出ていますので、箱に手を入れて、それらをつかみ、上へ持ち上げて、手放します。

それらは上の方へと離れ去っていきます。

以上を何度か繰り返します。

非常に簡単な方法ですが、効果があります。

これまでに多くの人がこのエクササイズを行なっています。箱から出てきたものとして典型的なものは、真っ黒なタールのようなドロドロしたもの、大きな氷の塊、色とりどりのボールといったところです。

何が取り出されたかよくわからなかったが、何かすっきりしたという感想を持つ場合もあります。

このエクササイズは、1回やればそれでいいというものではありません。潜在意識や無意識には、恐れや囚われが何層にも積み重なっています。

この方法で取り出されるのは、一番表層にあるもので、解放する準備ができたものだと思われます。それを取り出して解放すると、その下にあるものがみな順に一段だけ上へ上がってきます。そうやって一番上に来たものを手放してゆくわけです。

ですから、このエクササイズは1週間に数回とかというペースでやっていくと大きな効果が得られます。

ちなみに私の場合は、箱ではなく、自分の胸の中に手を突っ込んで取り出します。その方が自分の潜在意識と無意識にアクセスできるように思えるからです。場合によっては、両手でハートをこじ開けて、その中に手を突っ込みます。

両側にナットの付いたステンレスのパイプが出てきたこともあります。別のときには、5メートルはあるステンレスのホースが出てきたことがあります。しかも続けて2本も。

最近になって「何でステンレスなんだろう?」と、あるセミナーでみなに尋ねると、トレーナーのミツさんが、「捨てるんです、じゃないですか?」と答えました。

確かに。ダジャレ好きな私のガイドのことだから、そうかもしれません。ただ、意味がわかるのに7、8年もかかりましたが……。

また、棒人形の形をした、子供の頃の自分が出てきたこともあります。

彼は「やったー！　これで自由だ」とうれしそうに言いながら、向こうのほうへ走り去っていきました。心の奥に閉じ込められていた自分だったのです。こういう感じで、ふたりも子供のときの自分が出てきました。

このように、この方法は非常にシンプルですが、続けてやると非常に効果的なのです。

おわりに

この本を10数年後に手に取る人は、どういう感想を持つでしょうか?

「こういうふうにはならなかったね」と言ってるでしょうか?

それとも、

「当時は確かにみんな宇宙人なんていないと本気で思ってたね」と言ってるでしょうか?

どちらもあるとバシャールは言います。

「宇宙はパラレル・ワールドなので、すべての可能性が並存している。どちらを体験するかはあなた次第だ」と。

つまり、未来は自分で選択しているのです。

では、あなたはどちらの未来を選択したいでしょうか？

宇宙人と交流が始まっている未来か、それとも、今まで同様の、人類だけしかいない未来か。

個人的には、前者の方がはるかに面白そうです。可能性が一挙に広がると思います。

そう思う方は、そちらの世界を体験できるように、今から自分なりにできることを始めてみてはどうでしょうか。

へミシンクを聴き始めるとか、本書で紹介した準備のためのワークを始めるとか。

その他、いろいろできることはあると思います。そして、自分が気に入ったことをやるのが一番いいと思います。

ETとコンタクトが始まった未来を選択した場合、世の中は大きく変化してゆくでしょう。おそらく、人類が経験したことがないほどの一大転換が、あらゆる分野で起きてくるはずです。

これまでの価値観や政治・経済・社会システムが大転換を余儀なくされてゆくと思われます。

ですから、古いものにしがみつきたいという方は、この未来を選ばないほうがいいかもしれません。そうではなく、新しいものに乗り移りたい、変化の流れに乗りたいという方は、ぜひこの未来を選んでください。

坂本政道

著者紹介／**坂本政道** さかもとまさみち

モンロー研究所公認レジデンシャル・ファシリテーター

(株) アクアヴィジョン・アカデミー代表取締役

1954年生まれ。東京大学理学部物理学科卒、カナダトロント大学電子工学科修士課程修了。

1977年～87年、ソニー（株）にて半導体素子の開発に従事。

1987年～2000年、米国カリフォルニア州の光通信用素子メーカーＳＤＬ社にて半導体レーザーの開発に従事。2000年、変性意識状態の研究に専心するために退社。

2005年2月（株）アクアヴィジョン・アカデミーを設立。

著書に「体外離脱体験」（たま出版）、「死後体験シリーズⅠ～Ⅳ」「分裂する未来」「坂本政道ピラミッド体験」「あなたもバシャールと交信できる」「東日本大震災とアセンション」「ベールを脱いだ日本古代史」「伊勢神宮に秘められた謎」「出雲王朝の隠された秘密」「あの世はある！」「覚醒への旅路」「ダークサイドとの遭遇」「死ぬ前に知っておきたいあの世の話」（以上ハート出版）、「死ぬことが怖くなくなるたったひとつの方法」（徳間書店）、「バシャール×坂本政道」（VOICE）、「地球の『超』歩き方」（ヒカルランド）などがある。

最新情報については、
著者のブログ「MAS日記」（http://www.aqu-aca.com/masblog/）と
アクアヴィジョン・アカデミーのウェブサイト（http://www.aqu-aca.com）に常時アップ

ＥＴコンタクト

平成29年３月30日　第１刷発行

著　者　坂本　政道
発行者　日高　裕明
発　行　ハート出版

〒171-0014　東京都豊島区池袋３-９-23
TEL 03-3590-6077　FAX 03-3590-6078
ハート出版ホームページ　http://www.810.co.jp

ISBN978-4-8024-0035-0　C0011　　印刷・製本／中央精版印刷株式会社

坂本政道の本

死ぬ前に知っておきたい あの世の話

貯蓄？　断捨離？　遺産相続？　それよりも、もっと大切なことがあります。いまわの際に後悔しない、真の終活のススメ。
本体 1400 円

ダークサイドとの遭遇

時空を超える「宇宙大戦」と、今なお続く、ポジティブとネガティブの戦い。あなたは、本当のスター･ウォーズを目撃する。
本体 1600 円

覚醒への旅路

「覚醒」とは何を意味するのか。どういう精神状態に達することなのか。覚醒するには何が必要なのか。解き明かされる「覚醒」のすべて。
本体 1800 円

あの世はある！

人は死んだらどうなるのか？　誰もが抱く疑問を明確に解き明かす。死は終わりではない。だから死を悲しみ嘆き、怖れることはないのだ。
本体 1500 円

明るい死後世界

恐怖を強調する「あの世」観を一掃する。ヘミシンクを使い実際に垣間見た死後世界は、光あふれる世界だった。
本体 1500 円

ベールを脱いだ日本古代史 Ⅰ～Ⅲ

Ⅰは三輪山の龍神から邪馬台国まで、Ⅱは伊勢神宮を中心にした世界、Ⅲは出雲大社など、日本古代史の謎と秘密を独自の視点で解く。
本体各 1800 円

死後体験 Ⅰ～Ⅳ

ヘミシンクの実体験をもとに､｢死後世界｣を垣間見る。新しい感動が次々と現れる。｢知りたいこと」が手に取るようにわかる４冊。
本体各 1500 円